당신과
함께,
유럽

여행 작가 양영훈의   ✳   다시 찾고 싶은   ✳   유럽 도시 기행

당신과
함께,
유럽

양영훈
글·사진

퍼블리온
Publion

차례

저자 서문 008

01 | 스위스 **실스마리아** *Sils Maria* 012
숨 막힐 듯 아름다운 영화 속 풍경

02 | 스위스 **루체른** *Luzern* 030
웅장한 알프스와 유구한 역사를 품은 호반 도시

03 | 스위스 **샤프하우젠 & 슈타인암라인** *Schaffhausen & Stein am Rhein* 052
라인강 물길이 만든 절경과 유서 깊은 거리

04 | 프랑스 **아비뇽** *Avignon* 070
교황권과 왕권이 역전된 '아비뇽 유수'의 역사 현장

05 | 프랑스 **아를** *Arles* 086
고흐가 사랑한 '작은 로마'

06 | 프랑스 **엑상프로방스** *Aix-en-Provence* 106
폴 세잔의 자취가 곳곳마다 서린 '물의 도시'

07 | 이탈리아 **캄파니아** *Campania* 120
아직도 온전한 고대 유적과 환상적인 해안 절경

08 | 이탈리아 **시칠리아** *Sicillia* 174
'거대한 고고학 박물관'이 된 지중해 최대의 섬

09 | 노르웨이 **로포텐 제도** *Lofoten Islands* 248
거칠고도 아름다운 '북해의 알프스'

10 | 노르웨이 **아틀란틱 오션 로드** *Atlantic Ocean Road* 266
세상에서 가장 아름답고 짜릿한 드라이브 길

11 | 노르웨이 **트롤스티겐−게이랑에르 국립경관 도로** *Trollstigen-Geiranger* 278
노르웨이의 모든 것을 만나는 '꿈길'

12 | 노르웨이 **프레이케스톨렌** *Preikestolen* 294
톰 크루즈 영화의 대미를 장식한 수직 절벽

13 | 노르웨이 **트롤퉁가** *Trolltunga* 304
　　700m 공중에 뜬 '트롤의 혀'

14 | 스웨덴 **피엘바카** *Fjällbacka* 314
　　잉그리드 버그먼의 영원한 안식처

15 | 스웨덴 **벡셰** *Växjö* 326
　　유럽에서 가장 친환경적인 도시

16 | 네덜란드 **히트호른** *Giethoorn* 340
　　네덜란드의 베니스

17 | 네덜란드 **킨더다이크 & 바를러** *Kinderdijk & Baarle* 350
　　'진짜' 풍차 마을, 그리고 한 마을 속의 두 나라

18 | 독일 **브레멘** *Bremen* 360
　　브레멘 음악대가 동경한 '자유 도시'

19 | **체코 모라비아** *Moravia* 372

역사 도시와 명승지가 즐비한 리히텐슈타인의 옛 영지

20 | **리투아니아 트라카이 & 빌뉴스** *Trakai & Vilnius* 406

리투아니아의 과거와 현재의 수도

21 | **그리스 아테네** *Athens* 426

찬란한 문화 유산과 행복한 사람들이 가득한 도시

부록 452

필수 여행 앱

외국 여행 노하우

몇 해 전에 50일 가까이 페루, 볼리비아 등 남미 몇 나라를 여행했다. 비교적 치안이 불안한 편이고, 우리나라에서는 꼬박 24시간 넘게 비행기를 타고 가야 할 정도로 멀고 먼 나라다. 그런데도 혼자나 둘이서 단출하게 자유로이 여행하는 한국인들을 종종 만났다. 둘이서 여행하는 사람 중에는 가족인 경우가 유난히 많았다. 그중에서도 곧잘 티격태격하는 누나와 남동생, 사뭇 다른 외모의 친자매, 친구처럼 격의 없는 엄마와 딸 등이 여태껏 기억에 선명하다. 그들과는 몇 시간, 또는 하루 이틀쯤 동행하다가 기약 없이 헤어졌다. 그러다 뜻하지 않게 다시 만난 적도 여러 번 있다.

특히 50대 엄마와 함께 부산에서 왔다는 20대 중반의 J는 볼리비아의 우유니에서 처음 만난 뒤로 전혀 예상치 못한 곳에서 2번을 더 마주쳤다. 우유니 소금사막의 별밤 투어를 두 모녀와 함께한 다음 각자 길을 떠났는데, 2주쯤 뒤에 칠레의 최남단 도시인 푼타아레나스 버스터미널에서 우연히 다시 만났다. 그로부터 반년쯤 지난 뒤에는 튀르키예 카파도키아에서 또다시 J를 만났다. 서로 벌어진 입을 다물 수 없을 정도로 놀라고 반가워했지만, 금세 헤어져서 제 갈 길을 갔다.

남미 여행 중에는 60대 한국인 부부 여행자도 각기 다른 장소에서 3팀을 만났다. 젊은 사람들도 선뜻 나서기가 어려운 남미 여행을 초로의 은퇴자 부부들이 자유 여행으로 즐긴다는 것 자체가 대단한 일이다. 그 가운데서도 페루 쿠스코에서 출발하는 마추픽추 투어를 1박 2일 동안 함께한 부부가 가장 인상적이었다. 어디서나 두 손을 꼭 잡고 다니던 이 부부는 서로에 대한 말 한마디, 몸짓 하나가 더없이 따뜻하고 자상해 보였다. 내가 남편분에게 "두 분 정말 서로 좋아하시는 것 같아요"라며 조심스레 말을 건넸더니 "네, 맛난 음식도 같이 먹고, 좋은 풍경도 함께 볼 수 있어서 참 좋아요"라고 대답했다. 나 역시 아주 친한 후배와 동행한 여행이었는데도, 이 부부의 여행이 무척 부러웠다. 사랑하는 사람과 함께 보고 먹고 자고 느끼는 여행이야말로 최고의 여행이 아닐까.

나의 여행은 대체로 외로웠다. 직장인 아내, 학생인 두 아들과 동행하는 경우도 드물지는 않았지만, 혼자 떠나는 여행이 대부분이었다. 그래서인지 누군가가 나에게 "당신의 여행을 정의하는 한 단어는 뭐냐?"고 묻는다면 주저 없이 '그리움'이라고 말할 것이다. 집을 나서기 전에는 가고 싶은 여행지를 그리워하고, 막상 여행을 시작하면 떠나온 집과 두고 온 가족에 대한 그리움이 잠시도 사그라지지 않기 때문이다.

여행 경험이 많아질수록 그리움뿐만 아니라 사랑하는 사람과 함께 다시 찾고 싶은 곳도 차곡차곡 쌓였다. 하지만 '아이들의 손을 잡고 다시 가고 싶은 곳'은 어느 순간부터 하나둘씩 사라지기 시작했다. 홀쩍 커버린 아이들의 여행 기호나 취향이 언젠가부터 나와 상당히 다르다는 사실을 깨달았기 때문이다. 달라도 너무나 다름을 확인하는 순간에는 오래도록 나 스스로 쌓아온 다짐과 약속이 거짓말처럼 기억에서 지워지기도 했다. 반면에 세대 차이나 갈등이 없는 '아내와 함께 다시 찾고 싶은 곳'은 견고한 성처럼 오롯이 남았다.

《당신과 함께, 유럽》은 아내와 다시 찾고 싶은 곳, 같이 여행하면서

둘 다 매우 만족스러웠던 곳 중에서도 나름대로 최고라 생각하는 여행지들만 엄선해서 묶었다. 배우자, 자녀 등의 가족뿐만 아니라 친구, 동료 등 소중한 사람과 동행해도 두루 만족할 만한 곳이라고 감히 장담한다. 사실 "여기는 꼭 한번쯤 가봐야 한다"고 자신 있게 추천할 여행지는 헤아릴 수 없이 많다. 하지만 한 권의 책으로만 묶기에 너무 많아서 애초 꼽았던 여행지의 수를 반의 반 이하로 줄일 수밖에 없었다. 탈고해서 레이아웃까지 마친 원고를 몇 개나 들어내기도 했다. 생살을 도려내는 듯한 아픔까지는 아니지만, 적잖이 아쉽고 안타까웠음을 고백한다.

여행작가는 여행을 부르는 사람이다. 그가 남긴 한 장의 사진, 한 줄의 글이 누군가의 마음을 움직여 같은 길을 떠나게 만든다면 그보다 고맙고 뿌듯한 일이 없을 것이다. 나의 졸저《당신과 함께, 유럽》도 당신의 여행을 부르는 책이 되면 좋겠다.

당신의 당신과 함께, 어느 길에서나 행복하시길….

양영훈

스위스

01

실스마리아

숨 막힐 듯 아름다운
영화 속 풍경

Sils Maria

나의 여행은 종종 한편의 영화에서 시작된다. 클린트 이스트우드가 주연, 감독한 영화 〈아이거 생크션The Eiger Sanction, 1975〉은 수십 년 뒤에 나를 스위스 융프라우요흐에 올라서게 했고, 중국 영화 〈산이 울다Mountain Cry, 2015〉는 2023년 여름에 태항산의 깊은 협곡과 장대한 산줄기를 쏘다니게 만들었다. 스위스의 맨 서쪽 구석에 있는 그라우뷘덴Graubünden주의 산골 마을 실스마리아를 두 번 찾은 것도 순전히 영화 〈클라우즈 오브 실스마리아Clouds of Sils Maria, 2014〉 때문이다.

실스마리아는 영화를 보기 전까지 한번도 들어보지 못한 지명이었다. 지인이 추천해 관람한 그 영화는 감동을 넘어 충격이었다. 주연 배우 줄리엣 비노쉬, 크리스틴 스튜어트의 연기도 훌륭했지만, 무엇보다 영화 속 실스마리아의 풍광이 가슴을 뒤흔들었다. 영화관을 나서면서 아내와 나는 "우리 꼭 실스마리아에 가보자"고 다짐했다. 오래 지나지 않아서 내가 먼저 그 다짐을 실행에 옮겼다. 그로부터 일년쯤 뒤에는 아내와 함께 다시 실스마리아를 찾았다.

실스마리아는 맑고 아름다운 빙하 호수인 실스호 Lake Sils 와 실바플

영화 〈클라우즈 오브 실스마리아〉에서 주인공 마리아(왼쪽)가 말로야패스와 실스호를 바라보는 장면

센다-수를레이 트레킹 코스에서 마주한 영화 속의 그 풍경. 실스호와 실바플라나호 사이에 실스마리아가 자리 잡았다.

깔끔하고 한가로운 실스마리아 마을의 중심가

라나호 Lake Silvaplana 사이에 자리한 호반 마을이다. 실스호 근처의 레그달룬긴 Lägh dal Lunghin 이라는 작은 호수에서 다뉴브강 Danube River 의 지류인 인강 Inn River 의 물길이 시작된다. 오랜 세월 동안 인강의 물길에 의한 침식과 범람으로 엥가딘 Engadin 지역이 형성됐다.

　엥가딘은 서쪽의 말로야패스 Malojapass, 해발 1,817m 에서 동쪽의 국경 마을인 마르티나 Martina 에 이르기까지 약 100km나 뻗었다. 중간쯤에 있는 체르네즈 Zernez 를 기준으로 크게 두 지역으로 나뉜다. 해발 고도가 높은 서쪽은 '어퍼 엥가딘 Upper Engadin', 해발고도가 낮은 동쪽은 '운터 엥가딘Unter Engadin'으로 부른다. 말로야패스에서 직선거리로 6km 쯤 떨어진 실스마리아는 어퍼 엥가딘에 속한다. 호숫가 평지에 있는 마을인데도 해발고도는 1,809m나 된다. 실스마리아는 실스-바셀기아Sils-Baselgia와 하나로 묶여서 '실스 임 엥가딘Sils im Engadin'으로 표기되기도 한다. '엥가딘에 있는 실스마을'이라는 뜻이다.

실스마리아를 이야기하려면 독일의 철학자이자 시인인 프리드리히 니체Friedrich Wilhelm Nietzsche, 1844~1900를 빼놓을 수 없다. 1879년에 바젤대 교수직을 사임하고 병든 몸으로 이곳에 들어온 그는 누이에게 보낸 편지에서 "나는 지금 마치 약속의 땅에 와 있는 것 같다. 처음으로 구원을 느낀다"고 말했다. 그때부터 1888년까지 니체에게 실스마리아는 영감의 원천이자 삶의 피난처가 되었다.

실스마리아 시절에 쓴 니체의 작품으로는 "모든 신은 죽었다. 이제 초인이 등장하기를 우리는 바란다"라는 구절로 유명한 철학적 산문시 〈차라투스트라는 이렇게 말했다〉가 대표적이다. 1881년 여름에 실바플라나호의 산책로를 걷다가 이 작품을 구상한 것으로 알려져 있다. '모든 순간은 영원히 반복된다'는 그의 영원회귀永遠回歸, Ewige Wieder-Kunft 사상과《도덕의 계보》,《우상의 황혼》등의 걸작도 실스마리아 시절에 완성됐다. 지금도 이곳에는 그가 살았던 니체하우스Nietzschehaus가 옛 모습 그대로 보존돼 있다. 니체의 철학과 사상에 매료된 사람에게는 성지나 다름없어서 사람들의 발길이 꾸준히 이어진다.

니체하우스 주변의 마을길을 조금만 더 걸으면 실스마리아의 속내는 얼추 다 들여다본 셈이다. 사실 어딜 가나 너무 깔끔하고 차분해서 오히려 재미없어 보이는 마을이다. 이따끔 오가는 관광용 마차의 말발굽 소리 이외에는 이렇다 할 소음조차 들리지 않는다. '영화의 감동과 충격은 역시 현실에서 실현 불가능한가?'라는 생각이 얼핏 들 수도 있다. 마을 입구의 꽃길과 실바플라나호의 호반길을 걷기 전까지는, 영화 속의 풍경이 거짓말처럼 눈앞에 펼쳐지는 트레킹 코스를 직접 걸어보기 전까지는 말이다.

실스 박물관Sils Museum 앞의 분수에서 쏟아지는 빙하수로 더위와 갈증을 해소한 뒤에 발길을 돌렸다. 박물관 앞에서 마을길과 들녘길을 지나 약 20분

약 10년 동안 실스마리아에 살았던 니체의 옛집

실바플라나 호수의 남서쪽을 따라가는 호반길에서 하이킹을 즐기는 사람들

수를레이 승강장에서 무르텔 중간 승강장으로 향하는 케이블카.
저 아래에 실바플라나호와 마을이 보인다.

만 걸으면 실바플라나호의 서쪽 호반에 다다른다. 그 길의 절반 이상은 화사한 꽃길이다. 우리나라에도 자생하는 노란 미나리아재비꽃과 연분홍 범꼬리꽃이 군락을 이룬다. 꽃길이 끝나면 에메랄드빛 호수를 옆구리에 끼고 가는 호반길이 4km가량 이어진다.

실바플라나 호수의 남동쪽 호숫가를 따라가는 길에는 차가 다니지 않는다. 긴장을 풀고 느긋하게 걷기 좋다. 백발의 할머니가 유모차에 손주를 태운 채 걸을 수 있을 만큼 순탄하다. 기증자의 이름이 또렷하게 새겨진 의자에 앉아 호수 풍경과 오가는 사람을 바라보기도 하고, 시원한 물가에서 과일을 먹으며 한껏 여유를 부리기도 했다. 이 세상이 아닌 것처럼 아름다운 풍경 속에서 꿈결 같은 시간을 보냈다.

실바플라나 호반길이 끝날 즈음의 호숫가에는 동화 속의 고성 같은 건물이 하나 있다. 로만슈어로 '돌의 성'이라는 뜻의 크랍다사스 Crap da Sass 라 부르는 이 건물은 독일 장군인 아돌프 폰 데어 립페 Adolf von der Lippe 가 1906년에 지었다. 전통적인 로맨티시즘을 현대적으로 재해석한 네오로맨틱 스타일이라고 한다. 의외로 연륜이 짧아도 주변 풍광과의 조화가 아주 훌륭하다. 하지만 아쉽게도 내부는 외부인에게 공개되지 않는다.

실바플라나호를 사이에 두고 실스마리아와 이웃한

실바플라나Silvaplana 마을은 선상지扇狀地에 자리 잡았다. 율리어패스Julierpass, 2,284m 골짜기의 풍부한 계류가 만들어놓은 부채꼴 모양의 선상지에 마을 전체가 올라앉은 형태다. 이 마을 맞은편에는 코르바치봉Piz Corvatsch, 3,451m, 무르텔봉Piz Murtèl, 3,433m, 로사치봉Piz Rosatsch, 3,123m, 수를레이봉Piz Surlej, 3,188m 등 해발 3,000m가 넘는 설산이 거대한 장성처럼 줄지어 늘어섰다. 그중에서도 가장 높은 코르바치봉의 턱 밑에 자리 잡은 코르바치 전망대3,303m까지는 케이블카로 편안히 오르내릴 수 있다. 그러니 실스마리아를 오가는 길에는 코르바치 전망대를 그냥 지나칠 수가 없다.

코르바치 전망대는 산악 열차나 케이블카가 운행하는 전망대로는 스위스에서 3번째, 그라우뷘덴주에서는 가장 높다. 그곳에 오르려면 케이블카를 두 번 타야 한다. 먼저 실바플라나의 회전 교차로에서 자동차로 1.8km 거리에 있는 수를레이 승강장Corvatsch Talstation Surlej, 1,870m에서 첫 번째 케이블카를 탄다. 7분쯤 뒤에 도착한 무르텔 중간 승강장Corvatsch Mittelstation Murtèl, 2,702m에서 다른 케이블카로 갈아타고 15분가량 더 가면 코르바치 전망대에 도착한다.

코르바치 전망대는 설악산 대청봉1,707m에다 덕유산 향적봉1,614m을 올려놓은 높이3,322m와 비슷하다. 고산병이 나타나기 시작하는 해발 2,500m보다도 800여m나 더 높다. 발걸음을 조심스럽게 옮겨가면서 고산설봉의 장쾌하고 탁월한 전망을 오롯이 누렸다. 북쪽에는 래티안 알프스Rhaetian Alps의 하얀 산줄기가 우뚝하고, 그 아래에는 파릇한 초원과 울창한 숲에 뒤덮인 엥가딘 계곡이 길게 누웠다. 하늘보다

코르바치 전망대에 바라본 설봉과 산악인

더 파란 실스호, 실바플라나호, 생모리츠호 등의 호수들, 서쪽의 말
로야패스에서 실스마리아, 실바플라나, 생모리츠, 자메단Samedan 까지
이어지는 어퍼 엥가딘의 집과 마을도 고스란히 시야에 들어온다.

남쪽으로 눈길을 돌리면 베르니나 알프스Bernina Alps 의 고봉들이 손
에 잡힐 듯 가깝다. 최고봉인 베르니나봉Piz Bernina, 4,049m 을 위시해 모
르테라치봉Piz Morteratsch, 3,751m , 셰르첸봉Piz Scerscen, 3,971m , 로제그봉Piz
Roseg, 3,937m 등 설봉들이 코앞에 우뚝하다. 전망대 바로 앞쪽의 새하
얀 설원에는 알피니스트 몇 명이 코르바치봉 정상을 향해 힘겨운 걸

음을 내딛고 있었다. 전망 좋은 창가에 앉아 에스프레소 커피 한잔을 마시는 동안에도 자못 엄숙해 보이는 그들의 모습에 잠시도 눈을 뗄 수가 없었다.

실바플라나로 돌아가는 길에는 무르텔 중간 승강장을 빠져나와 본격적으로 트레킹을 즐기기로 작심했다. 여러 갈래의 트레킹 코스가 사방으로 나 있지만, 내 목적지는 처음부터 〈클라우즈 오브 실스마리아〉의 그곳이다. 무르텔 중간 승강장에서 실스마리아로 내려가는 트레킹 코스에서 그 풍경을 마주할 수 있단다. 이 코스는 그라우뷘덴주의 49개 로컬 루트 Local Routes 중 하나인 '719번 코스'의 일부이기도 하다.

'센다-수를레이 Senda Surlej' 코스로도 부르는 719번 코스는 원래 폰트레지나 Pontresina, 1,775m를 출발해 실스마리아 1,809m 까지 총 21km를 걷는 길이다. 폰트레지나에서 푸오르클라 수를레이 Fuorcla Surlej, 2,760m 까지 1,000m 가까운 고도를 한 번에 오르는 일이 만만치 않다. 코스의 난이도가 '힘들다 difficult'로 분류된 것도 그 때문이다. 하지만

무르텔 중간 승강장에서 실스마리아로 내려가는
트레킹 코스에서 만난 물방울 모양의 호수

발길 닿는 곳마다 군락을 이룬
알프스 할미꽃

무르텔 중간 승강장에서 프루니우Prugnieu와 알프 프라쉬라Alp Prasüra를 거쳐 실스마리아까지 약 7.5km 구간은 완만한 내리막길이다. 가이드가 없이 걸어도 길을 잃거나 조난당할 염려는 거의 없다. 길가 곳곳에 정확하고 이해하기 쉬운 이정표가 세워져 있는 데다 어디서나 시야가 훤하다.

길은 처음부터 끝까지 아름다운 풍경 속으로 이어진다. 눈앞에 펼쳐진 산비탈과 초원은 온통 꽃밭이다. 문자 그대로 백화제방百花齊放, 만화방창萬化方暢이다. 제주 한라산의 특산 식물인 섬잔대와 흡사한 꽃도 있고, 언젠가 지리산 능선에서 본 털쥐손이 종류도 흔하다. 동강 할미꽃과 색깔만 다른 알프스 할미꽃Pulsatilla alpina은 여기저기 군락을 이루었다. 이 꽃길은 콧노래가 절로 나올 만큼 편안한 길이기도 하다. 그리고 마침내 그 길의 막바지에서 영화 속 풍경을 만났다. 너무 똑같아서, 기대보다 훨씬 더 아름답고 장엄해서 숨이 턱 막히는 듯했다. 아무 말도 하지 못한 채 탄성만 연발했다. 아! 아!

실바플라나 캠핑장(Camping Silvaplana)

실바플라나호의 호반에 자리한 캠핑장이다. 내가 유럽에서 직접 이용해본 130여 곳의 캠핑장 가운데 세 손가락 안에 들어갈 정도로 시설이 좋다. 성수기에는 다소 복잡하고, 이용료가 상대적으로 조금 비싸다는 점 이외에는 자연환경, 풍광, 위치, 접근성, 시설 수준, 서비스 등의 모든 것이 만족스럽다. 특히 화장실, 샤워장 등 편의시설은 어느 호텔이나 리조트 못지않게 고급스럽고 깨끗하다.

실바플라나호의 호숫가에 자리한
실바플라나 캠핑장과
호텔 수준의 깨끗한 화장실

⊛ 대중 교통을 이용해 실스마리아에 가려면 먼저 기차를 타고 엥가
딘의 중심 도시인 생모리츠로 간다. 빙하 특급, 베르니나 특급 열차
가 정차하는 생모리츠역 버스 정류장St. Moritz, Bahnhof에서 4번 버스
를 타면 환승 없이 실스마리아까지 갈 수 있다. 20여 분 소요된다.

⊛ 영화 속의 그 광경, 낮게 깔린 안개가 엥가딘 계곡을 따라 뱀처
럼 길게 드리워진 '말로야 스네이크Maloja Snake'와 실스마리아 일대
의 아름다운 풍광을 쉽고 편하게 볼 수 있는 방법 중 하나는 푸르
트쉘라스 하부역 Furtschellas Talstation에서 케이블카를 타고 중간역
Furtschellas Mittelstation 을 거쳐 상부역 Furtschellas Bergstation 으로 올라가
는 것이다. 상부역 주변의 산중턱 어디서나 영화 속 풍경을 감상할
수 있다. 케이블카 홈페이지 www.corvatsch-diavolezza.ch

⊛ 719번 트레킹 코스는 원래 알프 프라쉬라 레스토랑을 거쳐 실스마
리아로 내려선다. 하지만 정해진 코스를 꼭 지켜야 할 이유는 없다.
마음 가는 대로, 발길 닿는 대로 걷다가 안전하게 트레킹을 마무리
하면 된다. 하산길의 내리막 구간이 부담스러우면 푸르트쉘라스에
서 케이블카를 타는 것이 좋다. 운행 여부와 마감시간은 꼭 확인
해둔다.

⊛ 무르텔 중간 승강장에서 푸르트쉘라스 승강장까지는 5~6km다.
이정표에 적힌 소요시간은 2시간이지만, 실제로는 1.5~2배 잡아
야 한다. 일상적으로 트레킹을 즐기는 데다 다리까지 긴 유럽인의

걷는 속도는 우리보다 훨씬 더 빠른 편이다.

⚜ 푸르트쉘라스에서 실스마리아로 내려가지 않고 수를레이 승강장
이나 실바플라나로 되돌아오는 순환형 코스는 의외로 어렵지 않다.
소요시간도 갈 때보다 훨씬 더 줄어든다.

⚜ 간식은 챙기되 물은 준비하지 않아도 된다. 얼음처럼 차갑고 맛도
좋은 빙하수가 곳곳에 흐른다.

⚜ 생모리츠역 버스 정류장에서 15분 간격으로 출발하는 1번 버스를
타면 곧바로 수를레이 승강장 입구에 도착한다. 소요시간 18분.

⚜ 스위스패스 소지자는 케이블카 이용료가 50% 할인되고, 버스요
금은 무료다.

⚜ 엥가딘 너트 토르테 Engadiner Nusstorte 는 실스마리아를 포함한 엥가
딘 지역의 별미 디저트다. 캐러멜라이징된 호두가 들어 있어 고소
하고 달콤하다. 실스마리아의 '그론트 카페 실스마리아 Grond Café Sils-
Maria'가 이 파이를 잘하는 곳으로 유명하다.

그론트 카페 실스마리아(위)와
그곳에서 판매하는 엥가딘 너트 토르테(왼쪽)

웅장한 알프스와
유구한 역사를 품은 호반 도시

스위스

02

루체른

Luzern

누군가가 내게 스위스에서 가장 매력적인 도시가 어디냐고 묻는다면 주저 없이 '루체른'이라 답하겠다. 이 도시에는 '스위스' 하면 떠오르는 자연경관과 문화유산이 다 있다. 아름다운 설산과 탁 트인 초원, 잔잔한 호수와 도도히 흐르는 강, 수백 년의 풍상을 견뎌온 고성과 다리, 장엄하고 예스러운 성당과 교회 등…. 한마디로 '알프스 특유의 웅장한 자연과 기나긴 세월을 품은 문화유산이 잘 조화된 도시'다. 가난한 여행자인 내가 빠듯한 일정에도 닷새 동안이나 루체른에 머무를 수밖에 없었던 이유도 그 때문이다.

스위스의 중앙에 있는 루체른은 '호반의 도시'다. 스위스에서 다섯 번째로 큰 호수인 루체른호의 북서쪽 호숫가에 자리 잡았다. 735년에 베네딕트 수도회의 성 레오데가르 St. Leodegar (현재 호프 교회) 대성당이 들어서면서 '루치아리아 Luciaria'라는 지명으로 알려지기 시작했다. 13세기 초에 '악마의 다리 Teufelsbrücke' 완공과 함께 생고타드 패스 St. Gotthard-Pass, 2,106m 가 개통된 뒤로는 독일 남부의 라인강 유역과 이탈리아 북부의 롬바르디아 지방을 연결하는 교통과 무역의 중심지로 발전했다.

1291년 8월 1일에 우리Uri, 슈비츠Schwyz, 운터발덴Unterwalden 3개
주는 '삼림주 연맹Ewiger Bund Drei Waldstätten'을 맺고 당시 스위스를 지배
하던 합스부르크 공국으로부터 독립을 선언했다. 1332년에는 루체른
도 스위스연방에 네 번째로 가입했다. 루체른은 나폴레옹 휘하의 프
랑스 혁명군이 1798년 스위스를 점령한 뒤에 세워졌다가 5년 만에 사
라진 헬베티아 공화국의 수도인 때도 있었다.

루체른호의 북서쪽 호반에 자리한 루체른의 한복판으로는 로이스
강Reuss River이 흐른다. 푸르카패스Furkapass, 2,431m 동쪽 사면의 푸르카
로이스Furkareuss에서 발원한 로이스강은 라인강에 합류되는 아레강의

1481년에 세워진 와인시장 분수(Weinmarkt-Brunnen). 1332년에 루체른이 우리, 슈비츠, 운터
발덴 3주와 연합을 맺은 장소에 세워졌다.

지류다. 처음부터 끝까지 북쪽으로만 흐르는 로이스강의 물길은 '악마의 다리' 아래도 지난다. 루체른호에 몸을 적시는 동안 느릿해진 강물은 루체른역 근처의 제브뤼케 Seebrüke (호수 다리) 아래에서 다시 거센 흐름을 이어간다. 이 다리가 루체른호와 로이스강의 경계인 셈이다.

제브뤼케 옆에는 루체른의 랜드마크이자 유럽에서 가장 오래된 나무다리인 카펠교 Kapellbrüke 가 있다. 1333년에 처음 놓았다고 한다. 우리나라로 치면 고려 충숙왕이 중국 원나라의 무력으로 강제 폐위되고 충혜왕이 즉위한 바로 그 해에 놓인 나무다리가 아직도 건재하다는 사실이 그저 놀랍기만 하다. 원래 길이가 240m였던 이 다리는 로이스강의 강둑을 여러 차례 증축하는 바람에 지금은 204m로 줄었다. 다리 전체에 지붕이 설치돼 있어서 궂은 날씨에도 편안하게 건너다닐 수 있다.

카펠교와 바서투름 전경. 왼쪽 멀리 필라투스산이 우뚝하다.

지붕을 떠받치는 삼각형 들보에는 스위스의 역사적 사건이나 루체른 수호성인의 생애를 표현한 17세기 그림이 걸렸다. 원래 116점이었으나 1993년에 발생한 화재로 85점이 전소됐거나 훼손되었다. 지금 걸린 65점 중에서 불에 탄 흔적이 또렷한 그림도 여럿 눈에 띈다. 다리 곳곳에도 화재의 상처가 선명하게 남았다. 다리의 타지 않은 부분과 손상된 부분을 일부러 남겨둔 채로 복원됐기 때문이다. 화재의 상흔조차 역사의 교훈으로 남기기 위해서란다.

카펠교 중간쯤에는 팔각형의 바서투름Wasserturm(물의 탑)이 설치돼 있다. 루체른 요새의 일부로 카펠교보다 약 30년 먼저 세워졌다. 처음에는 적의 침입을 감시하는 망루이자 등대로 쓰였다. 그 뒤로 종각, 감옥, 공문서 보관소 등으로 활용되다가 현재는 일부 공간에 기념품 가게가 들어서 있다.

카펠교는 언제 봐도 아름답다. 완벽한 조형미를 갖춘 설치 작품 같다. 특히 난간 양쪽에 형형색색의 꽃들이 만발하면 동화처럼 아름다운 풍경이 연출된다. 낮보다는 밤 풍경이 더 환상적이다. 땅거미가 짙어지고 하늘과 강물이 암청색으로 바뀔 즈음, 텅스텐 전등의 노란 불빛이 은은하게 깔린 카펠교의 야경은 절정에 이른다. 다리 난간에 서서 오래된 도시의 야경과 무심히 흐르는 강물만 바라보아도 시간 가는 줄 모른다.

카펠교 남단에서 흐르는 강물을 따라 360m쯤 걸어가면 로이스강과 맞닿은 루체른 역사 박물관Historisches Museum Luzern 옆을 지나게 된다. 1568년에 처음 세워진 이 건물은 1983년까지도 루체른 방어를 위한

텅스텐 전등의 불빛이 은은하게 깔린 카펠교의 밤 풍경

무기고로 쓰이다가 박물관으로 변신했다. 바로 옆에는 13세기에 처음
건설된 슈프뢰어교 Spreuerbrüke 가 있다. 1178년에 로이스강의 중간에
설치된 물레방아와 로이스강 동쪽의 뮐렌 광장 Mühlenplatz 사이를 오갈
수 있도록 건설된 다리다. 당시 뮐렌 광장에는 이 물레방아의 동력을
이용해 밀가루를 생산하는 제분소가 여럿 있었다고 한다. 1408년에는

나머지 반쪽으로 다리가 확장되어 양쪽 강변을 오갈 수 있게 됐다.

슈프뢰어교의 길이는 80여m에 불과하다. 역사도 70년가량 더 짧아서인지, 카펠교에 비해 사람들의 발길이 훨씬 더 적다. 하지만 다리 외관은 카펠교보다 훨씬 더 예스럽다. 1566년 강이 범람해 붕괴했다가 1568년에 재건된 다리가 여태껏 그대로 남은 덕택이다. 원래 나무였던 교각은 재건공사 때에 돌로 바뀌었고, 한 교각 위에는 손바닥만 한 예배당도 지어졌다. 이 다리의 지붕 아래에도 오래된 그림들이 걸려 있다. 1626년 카스파르 메그링거Kaspar Meglinger가 그린 〈죽음의 춤 Dance of Death〉 시리즈다. 무서운 전염병이 창궐했던 중세시대의 참혹한 실상을 묘사한 작품들이라 주검, 해골 등 다소 충격적인 그림이 많다. 원래는 67점이 걸려 있었지만 현재 45점만 전해온다.

슈프뢰어교의 북단에서 강을 왼쪽에 끼고 몇 걸음만 더 가면 로이스강과 맞닿은 성문을 지나게 된다. '뇔리투름Nöliturm'이라는 이 원통형 성문은 무제크 성벽Museggmauer의 서쪽 끝에 해당한다. 로이스강으로 침입하는 적을 감시하던 망루였고, 유사시에는 최전선의 방어 요새였다. 이 아치형 성문 아래로 편도 1차선 차로가 통과한다. 양쪽 입구에는 교통사고를 방지하기 위한 신호등이 설치돼 있다. 자전거를 탄 사람까지 신호를 지키는 모습이 참 신선해 보였다.

루체른 구시가지의 북쪽 언덕에는 1386년에 건설된 무제크 성벽이 길게 늘어서 있다. 처음에는 루체른 구시가지 전체를 에워쌀 만큼 규모가 컸지만, 지금은 성벽 870m와 탑turm 9개만 남았다. 쉬르머Schirmer, 찌트Zyt, 바흐트Wacht, 묀리Mänli 등 4개 탑만 하절기에 개방된다. 모든

무제크 성벽의 서쪽 끝에
있는 뇔리투름

무제크 성벽의 바흐트투름을 나와 묀리투름으로 이동하는 관광객들

탑의 전망이 훌륭하지만, 맨 꼭대기까지 올라갈 수 있는 묀리투름의 전망이 압권이다. 로이스강 양쪽의 신·구 시가지는 물론이고 루체른 호와 리기Rigi, 필라투스Pilatus, 티틀리스Titlis 등 루체른 주변의 세 명산까지도 또렷하게 보인다.

무제크 성벽의 쉬르머투름 출구를 빠져나오면 곧바로 무제크 거리 Museggstrasse에 들어선다. 이 거리 동쪽 끝의 뢰엔 광장Löenplatz을 지나 '빈사의 사자상Löendenkmal' 입구에 도착했다. 이 사자상은 말 그대로 빈사瀕死 상태의 사자를 조각한 추모 기념물이다. 죽음을 눈앞에 둔 사자는 백수의 왕다운 위엄을 찾아보기 어렵다. 오히려 깊은 슬픔과 처연함이 느껴진다. 일찍이 미국의 소설가 마크 트웨인(1835~1910)이

'세상에서 가장 슬프고도 감동적인 조각상'이라는 빈사의 사자상

'세상에서 가장 슬프고도 감동적인 조각상'이라고 했다는 말이 가슴 쩌릿하게 공감된다.

자연 암벽에 조각한 빈사의 사자상은 프랑스 혁명 당시에 최후를 맞은 스위스 용병들을 기리기 위해 조성됐다. 1792년 8월 10일, 프랑스의 루이 16세 국왕과 마리 앙투아네트 왕비가 머무는 튈르리궁을 지키던 스위스 용병 786명은 수천 명의 성난 혁명군과 맞닥뜨렸다. 혁명군은 항복을 권했지만, 스위스 용병들은 왕실 근위대로서의 임무를 끝까지 고수하다 모두 전사했다. 이 사자상의 발밑과 머리 옆에 프랑스 부르봉왕가와 스위스를 상징하는 방패가 놓여 있는 것도 그런 이유에서다. 이 기념물은 덴마크의 유명 조각가인 베르텔 토르발센이 조성 작업을 시작하여 독일 출신의 카스아호른이 1921년에 완성했다.

빈사의 사자상 입구에서 도보로 약 450m 거리에는 루체른의 역사가 시작된 호프 교회 Hofkirche St. Leodegar(성레오데가르 성당)가 있다. 735년에 로마네스크 양식의 이 성당이 세워진 뒤부터 작은 호숫가 마을인 루치아리아에는 성직자와 사람들이 몰려들기 시작했다. 14세기에 고딕 양식으로 다시 지어진 호프 교회는 1633년에 발생한 화재로 뾰족한 지붕만 남기고 불타버렸다. 지금의 르네상스식 건물은 1645년에 재건축됐다. 스위스에서 가장 음색이 좋다는 파이프오르간도 그때 만들어졌다. 교회 내부는 웅장하지만 위압적이지 않고, 아름답지만 호사스럽지는 않다. 절제미가 돋보이는 이 교회는 스위스의 대표적인 르네상스 양식 건물로 손꼽힌다.

루체른이라는 도시의 매력 포인트로 2개의 멋진 산을 빼놓을 수 없다. '산들의 여왕' 리기산Mount Rigi과 '악마의 산'이라 부르는 필라투스산Mount Pilatus, 2,132m이다. 루체른 시청사에서의 직선거리는 리기산이 14km, 필라투스산이 10km쯤 된다. 둘 다 루체른 시내에서 대중교통으로도 찾아가기 쉬워서 루체른 여행의 필수 경유지다. 나는 리기산부터 먼저 오르기로 했다. 숙소인 리도 인터내셔널 캠핑장에서 대중교통을 이용하기가 편리하다는 게 이유였다.

리기산의 가장 큰 매력은 탁월한 전망이다. 스위스의 산치고는 별로 높지 않은 편인데도, 정상인 리기쿨름Rigi Klum, 1,797m에 올라서면 360도 파노라마뷰를 즐길 수 있다. 루체른과 추크Zug를 비롯한 수많은 소도시와 마을, 루체른·추크·라우에르츠Lauerz·에게리Aegeri 등의 호수, 그리고 알프스와 쥐라산맥Jura Mountains의 숱한 산봉우리가 사방으로 펼쳐진다. 정상 주변을 포함한 리기산 일대는 경사 완만한 풀밭으로 덮여 있다. 영화 〈에델바이스〉의 한 장면 같은 기념사진을 남기거나 가벼운 트레킹을 즐기기에 제격이다.

리기산과 필라투스산은 여러모로 뚜렷한 차이를 보인다. 굳이 우리나라 명산과 비교한다면, 리기산은 지리산처럼 두루뭉술하고 필라투스산은 설악산처럼 날카롭다. 리기산은 산책하는 산이고, 필라투스는 산행하는 산이다. 그래서 가볍게 산을 즐기려면 리기산이 좋고, 진지하게 산행의 묘미를 맛보기에는 필라투스산이 더 낫다. 내게 둘 중 하나만 선택하라면 무조건 필라투스산이다.

필라투스 케이블카와 산악 열차의 상부 승강장이 있는 필라투스

리기산 정상에서 바라본 루체른 방면의 조망. 역광 속의 필라투스산이 검게 보인다.

청년은 짧고 가파른 왼쪽 길, 노인은 길고 편안한 오른쪽 길로 안내하는 리기쿨름역 이정표

드라헨베그를 따라 필라투스 쿨름 주변을 한 바퀴 도는 관광객들

필라투스 꽃길을 걷다가 잠시 걸음을 멈추고 베르너 오버란트의 설산을 바라보는 탐방객

쿨름 Pilatus Klum, 2,073m에 도착하면 맨 먼저 서늘해진 기온이 온몸에 감지된다. 여름날인데도 가까운 산자락에는 눈이 희끗하다. 멀리 아이거 Eiger, 3,970m, 묀히 Mönch, 4,110m, 융프라우 Jungfrau, 4,158m 등의 베르너 오버란트 Bernese Oberland 고봉들이 손에 잡힐 듯이 가깝게 다가온다. 숨막힐 듯이 아름답고 웅장한 설산의 장관이 파노라마처럼 펼쳐진다. 영국의 빅토리아 여왕도 이곳의 장관을 직접 감상하기 위해 1868년에 말을 타고 필라투스산에 올랐다고 한다.

필라투스 정상 부근에는 3개의 봉우리가 솟아 있다. 상부 승강장 바로 옆에 우뚝한 에셀 Esel, 2,118m, 호텔 필라투스쿨름 뒤편의 오베르하우프트 Oberhaupt, 2,105m, 서쪽 끝에 불끈 치솟은 톰리스호른 Tomlishorn, 2,132m

필라투스 꽃길에서 만난 야생동식물화. (위 왼쪽부터 시계 방향으로) 황금 앵초, 알프스 바람꽃, 아이벡스, 피레네 바위꽃

이 그것이다. 필라투스쿨름에서는 이 3개의 봉우리로 이어지는 탐방로가 잘 닦여 있다. 그중에서도 필라투스산의 정상인 톰리스호른까지 갔다가 되돌아오는 '필라투스 꽃길 Pilatus Flower Trail'이 추천할 만하다.

필라투스 꽃길은 왕복 3km쯤 된다. 두어 시간 동안 느긋하게 이 꽃길을 걸었다. 정상 직전의 급경사 오르막길 이외에 대부분의 구간이 평지나 다름없이 평탄하다. 하지만 가파른 산허리를 가로지르기 때문에 길을 벗어나거나 방심은 금물이다. 다행히도 위험 구간마다 울타리나 로프가 설치돼 있어서 안전하게 트레킹을 즐길 수 있다. 오가는 길에서는 형형색색의 야생화와 알프스 야생 산양인 아이벡스도 만났다. 가파른 산비탈의 바위에 올라서서 뭔가를 응시하는 아이벡스 한 쌍이 듬직하고 늠름해 보였다. 체력이나 시간이 부족해서 톰리스호른까지 다녀오는 것이 어렵다면 필라투스쿨름 주변을 40여 분 동안 한 바퀴 돌아오는 '드라헨베그 Drachenweg'(용의 길)만 걸어봐도 좋다.

필라투스산을 내려와 다시 루체른 구시가지를 서성거렸다. 스위스의 오래된 도시들이 다 그렇듯이, 루체른도 밤 풍경이 아름답다. 특히 카펠교와 중앙역 주변의 거리는 땅거미가 짙게 내려앉은 뒤도 사람들의 발길이 끊이질 않는다. 적당한 어둠에 가려진 도시는 낮보다 더 운치 있고 고풍스럽다. 오래된 건물들 사이의 비좁은 골목길을 걷는 재미도 쏠쏠하다. 골목길이 짧아서 길 잃을 염려도 없다. 골목마다 요란하지 않은 유쾌함, 여행자들의 가벼운 설렘으로 가득해서 덩달아 유쾌해지는 루체른의 밤이다.

호프 교회 첨탑이 보이는 루체른호의 초저녁 풍경

리도 인터내셔널 캠핑장(Camping International Lido Luzern)

루체른 구시가지에서 가장 가까운 연중무휴 캠핑장이다. 규모가 크고 각종 편의시설도 고급스러울 뿐만 아니라 소형 식료품점과 그릴레스토랑Seebrise 등도 있다. 사이트는 캠핑카, 트레일러, 텐트 등으로 나뉜다. 캠핑 캐러밴이나 다인실 숙소도 이용 가능하다. 근처에 스위스 최대의 교통 박물관Swiss Museum of Transport, 유람선 선착장Verkehrshaus-Lido, 기차역 Luzern Verkehrshaus 등이 있다. 7~8월 성수기에는 미리 예약하는 게 좋다. 이 캠핑장에서 카펠교까지의 거리는 2.8km다. 호반 산책로를 따라가면 멀게 느껴지지 않는다. 이용객에게는 루체른 도심까지 가는 왕복 버스티켓을 무료로 제공하기도 한다.

캠핑장 바로 앞의 유람선 선착장

밥상에 올라앉은 참새

❋ 루체른역 앞에서 매시 정각에 출발하는 시티투어 열차는 카펠교, 예수교회, 슈프뢰어교, 와인마켓거리, 시청사, 무제크 성벽, 빈사의 사자상, 호프 교회 등을 두루 경유한 뒤에 출발지로 되돌아온다.

❋ 루체른호 유람선은 필수 관광 코스이자 중요한 교통수단이다. 스위스 패스 소지자는 무료로 이용할 수 있다. 루체른역 앞에는 루체른 최대의 선착장Luzern Bahnhofquai이 있다.

❋ 리기산을 오가는 대중교통 노선은 세 가지가 있다. ① 루체른역 앞 선착장에서 배를 타고 비츠나우Vitznau 선착장으로 1시간 이동 후, 선착장 바로 앞의 역에서 리기쿨름Rigi Kulm역까지 30분 동안 빨간색 산악 열차 이용. ② 루체른역에서 아르트골다우Arth-Goldau역까지 기차를 타고 50분 이동 후, 리기쿨름역까지 파란색 산악 열차

밀렌 광장을 지나는
루체른 시티투어 열차

리기쿨름역에 도착한
산악 열차

를 타고 40분 이동. ③ 루체른역 앞의 선착장에서 베기스Weggis 선착장까지 배로 1시간 이동 후, 도보 15분 거리의 케이블카 하부 승강장Weggis Luftseilbahn에서 상부 승강장Rigi Kaltbad까지 10분 동안 케이블카로 이동. 여기서 빨간색 산악 열차로 갈아타고 12분 후에 리기쿨름에 도착. 스위스 패스 소지자는 이 모든 교통편을 무료 이용.

✳ 필라투스산을 오가는 대중교통 노선은 두 가지가 있다. ① 루체른역 앞의 버스 정류장Lucerne Train Station에서 1번 버스를 타고 크리엔스Kriens의 젠트룸 필라투스Zentrum Pilatus 정류장에서 하차 후 600m 걸어서 필라투스 케이블카의 하부 승강장Kriens에 도착. 케이블카를 타고 중간 승강장Fräkmüntegg을 거쳐 상부 승강장Pilatus Kulm에 도착. ② 루체른역 앞의 선착장에서 배를 타고 알프나흐슈타트Alpnachstad 선착장까지 1시간 20분 동안 이동 후, 바로 앞쪽 역에서 최대 경사 48%로 세계에서 가장 가파르다는 산악 열차인 필라투스반Pilatus Bahn을 이용해 30분 후 필라투스쿨름에 도착. 스위스 패스 소지자는 케이블카 무료, 필라투스반 50% 할인.

세계에서 가장 가파른 철로를
오르내리는 필라투스반 열차

라인강 물길이 만든 절경과
유서 깊은 거리

스위스

03

샤프하우젠
&
슈타인암라인

종세시대부터 이어온 역사적 건축물이 즐비한 샤프하우젠 구시가지의 프론바그 광장

Schaffhausen & Stein am Rhein

유럽 최대의 폭포, 라인폭포

라인강 물길은 스위스 그라우뷘덴주의 작은 호수 토마호 Lai da Tuma 에서 시작된다. 스위스, 프랑스, 독일, 네덜란드 등 여러 나라를 거쳐서 1,230km를 흐르다가 네덜란드 로테르담 근처에서 북해로 흘러든다. 사시사철 수량이 풍부하고 낙차 큰 폭포가 거의 없는 라인강은 일찍이 운하로 개발됐다. 오늘날에도 전체 길이의 3분의 2쯤 되는 약 880km 구간이 화물 운송로로 이용된다. 그런데 라인강에서 배들의 발목을 잡는 곳이 딱 하나 있다. 15,000년 전쯤의 빙하기에 형성됐다는 라인폭포 Rheinfall다. 유럽에서 가장 규모가 큰 이 폭포 때문에 라인강 뱃길이 중간에 뚝 끊겼다.

라인강 뱃길을 가로막은 폭포가 얼마나 대단한지 직접 확인해보고 싶었다. 스위스의 가장 북쪽에 있는 샤프하우젠주의 주도인 샤프하우젠 가는 길에 라인폭포부터 들렀다. 높이 23m, 길이 150m인 이 폭포를 가장 가까이에서 볼 수 있는 곳은 남쪽의 라우펜성 Schloss Laufen

샤프하우젠 쪽의 라인폭포 가까이에 커다란 물레방아와 우뚝 솟은 공장 굴뚝도 보인다.

전망대다. 기차역 바로 옆의 터널 위쪽에 라우펜성이 있다. 맨 아래쪽의 전망대까지 내려가는 동안 다양한 높이에서 라인폭포를 감상한다. 하지만 측면 조망이라는 한계도 분명해서 전체 너비를 가늠하기는 어렵다.

　라우펜성은 입장료(성인 5유로)를 받는 사유지이지만, 라인폭포 전망 말고는 특별히 볼 게 없다. 대충 둘러보고 라인강을 가로지른 라인교를 통해 강 건너편으로 이동했다. 정식 명칭이 '라인브뤼케 베이 라우펜 Rheinbrücke bei Laufen'(라우펜 근처의 라인교)인 라인교는 기차가 다니는 철교다. 사람도 자유로이 왕래하는 보행로가 다리 양옆에 설치돼 있다. 다리 건너편의 라인폭포 탐방로 Rheinfallweg와 강변 산책로 Rheinfallquai는 줄곧 라인강과 라인폭포를 바라보며 걷는다. 수백 년 전에 설치됐다는 제분소 물레방아도 볼 수 있다. 전망 좋은 곳마다 벤치와 미니 전망대가 설치돼 있어 쉬엄쉬엄 걷기에 좋다.

뵈르트성 Schlössli Wörth 주변의 강변 산책로 구간에서는 지축을 흔드는 굉음을 쏟아내며 하얀 물안개와 함께 쏟아지는 라인폭포의 장관

라인폭포를 가장 가까이에서 볼 수 있는
라우펜성 전망대

라인강을 가로지른 라인교 양쪽의 보행로

을 정면에서 감상할 수 있다. 그 광경을 지켜보는 것만으로도 가슴이
서늘해진다. 폭포 한가운데의 작은 바위섬이자 샤프하우젠주와 취리
히주의 경계를 나누는 미텔팔츠 Mittelpfalz 꼭대기에 올라 라인폭포 일
대를 360도로 조망하는 호사까지 누렸다. 노란색 보트를 타고 이곳
에 올라보니 라인폭포 투어가 비로소 온전히 마무리된 듯하다.

스위스에서 가장 잘 보존된 중세 도시, **샤프하우젠**

샤프하우젠 Schaffhausen이 중세시대부터 무역과 상업의 중심지로 발
전하는 데 가장 큰 역할을 한 것은 라인폭포라 해도 과언이 아니다.
폭포로 운송로가 막힌 상인들은 샤프하우젠에서 며칠씩 묵으면서 우

회해서 운송하는 방안을 모색할 수밖에 없었다. 자연스레 우회 운송과 관련된 사람과 물자, 장비도 샤프하우젠으로 몰려들었다. 라인폭포는 훌륭한 에너지원이기도 했다. 폭포의 낙차를 이용한 수력 발전소가 세워졌고, 거기서 생산된 전력은 주변 공장과 제분소를 가동하는 동력이 되었다.

라인폭포에서 샤프하우젠 구시가지까지는 자동차로 10여 분 거리다. 대중교통을 이용해도 20~30분밖에 걸리지 않는다. 라인강을 끼고 있는 샤프하우젠은 이미 중세시대부터 무역과 상업으로 번영을 누리던 도시 국가였다. 1045년부터는 자체 주화를 발행했고 1190년에는 신성로마 제국으로부터 자유 도시로 인정받았다. 1415년에는 신성로마 제국의 합스부르크 공국으로부터 독립했으며 1501년에는 스위스연방의 일원이 되었다. 현재 샤프하우젠의 구시가지는 스위스에서 가장 잘 보존된 중세 도시 지역 중 하나다.

샤프하우젠 구시가지의 중심인 프론바그 광장Fronwagplatz에 들어서면 마치 순식간에 중세시대로 시간 여행을 떠나온 듯한 느낌이 든다. 거리 양옆에 늘어선 바로크 시대의 건물들이 화려하기 그지없다. 건물들의 정교한 장식과 아름다운 프레스코화는 당대의 예술적 감각과 장인 정신을 오롯이 보여준다. 거리 곳곳에서 들려오는 사람들의 웃음소리, 카페에서 풍겨오는 커피 향기가 이곳이 박제된 유적지가 아니라 여전히 살아 숨 쉬는 일상 공간임을 실감케 한다.

샤프하우젠의 구시가지에서 아름답기로 첫손에 꼽히는 건물은 '기사의 집Haus zum Ritter'이다. 1566년에 한스 폰 발트키르히Hans von Waldkirch

라는 기사가 2개 층을 증축했다. 이 집의 외벽에는 숨 막힐 듯 아름다운 프레스코화가 선명하다. 프레스코화는 벽이나 천장에 바른 회 반죽이 마르기 전에 수채 물감으로 그린 그림이다. 이탈리아어 '프레스코fresco'는 '신선하다'는 뜻이다. '신선한' 회반죽에 스며든 그림은 회벽이 마르면서 완벽하게 합체되어 바래거나 물에 용해되지 않고 오랫동안 보존된다. 특유의 차분한 색조와 강한 내구성을 지닌 덕분에 르네상스와 바로크 시대의 많은 예술가가 선호했다. 미켈란젤로의 시스티나 성당 천장화, 라파엘로의 바티칸궁 벽화가 대표적인 프레스코화로 꼽힌다.

샤프하우젠 구시가지의 건물에는 유난히 퇴창退窓이 많다. 중세시대의 유럽 건축물에서 종종 볼 수 있는 퇴창은 실내에서 바깥 풍경을 쉽게 감상할 수 있도록 건물 외벽에 돌출시킨 창문이다. 에르커

르네상스 시대의 화려한 프레스코화와 소박한 퇴창이 대조를 이루는 '기사의 집'

'황금 황소의 집'의 퇴창과
프레스코화

Erker, 오리엘창oriel window으로도 부른다. 건물 외관을 돋보이게 만드는 장식 효과가 있어서 주로 부유한 상인이 자신의 부를 과시하기 위해 설치했다.

샤프하우젠 구시가지의 퇴창은 171개나 된다. 그중에서도 '황금 황소의 집Haus zum Goldenen Ochsen'이 특히 눈길을 끈다. 1492년에 한스 후그 클뢰니거Hans Hug Klöninger라는 상인의 집으로 지어졌다. 그 뒤로 1608년까지 여관으로 사용됐다가 후기 고딕 양식의 타운 하우스로 개조되었다. 외벽에는 황금 황소, 바빌로니아와 고대 그리스의 역사적인 장면 등을 표현한 프레스코화가 그려져 있다. 이 집에는 다양한 인물이 세밀하게 조각된 퇴창도 있다. 개성 있는 표정과 생동감 넘치는 동작의 인물상이 퇴창 곳곳에 빼곡하다.

샤프하우젠 구시가지의 오래된 분수들도 예술성이 돋보인다. 프론바그 광장의 란츠크네히트 분수Landsknechtbrunnen와 무어인의 분수Mohrenbrunnen, 광장 동쪽 작은 삼거리의 텔렌 분수Tellenbrunnen 등이 대표적이다. 사실은 분수 자체보다도 맨 꼭대기의 인물상이 더 인상적이다.

1524년에 제작한 란츠크네이츠 분수에는 중무장한 스위스 용병, 1535년에 세워진 무어인의 분수에는 예수 탄생을 맨 먼저 축하해준 동방박사 3명 중 하나인 발타사르왕이 올려져 있다. 왕은 오른손으로 신성로마 제국의 문장이 새겨진 방패를 잡고 왼손으로는 황금 잔을 쥐고 있는 점이 특이하다. 1583년에 만든 텔렌 분수에는 스위스 독립의 영웅이자 전설적인 명궁名弓 빌헬름 텔William Tell 상이 올라서 있다.

동방박사 3명 중 하나인 발타사르왕을 표현한 무어인의 분수

텔렌 분수 근처의 전망 좋은 언덕에는 샤프하우젠의 랜드마크인 무노트 Munot 요새가 자리 잡았다. 샤프하우젠을 방어하기 위해 1564년부터 1589년 사이에 건설된 원통형 요새다. 라인강과 샤프하우젠 구시가지 일대가 한눈에 들어오는 언덕에 있는 이 요새는 두꺼운 성벽과 여러 개의 방어용 탑, 그리고 대포 발사대를 갖췄다. 내부에는 독특한 구조의 나선형 계단과 천장까지 둥그렇게 뚫린 4개의 통창이 설치돼 있다. 요새의 북서쪽에는 장미정원 Rosengarten , 남동쪽 비탈에는 포도밭이 조성돼 있어 이채로운 풍경을 연출한다.

무노트 요새에서 170여m 거리에는 샤프하우젠 선착장이 있다. 여기서 배를 타고 샤프하우젠주의 가장 동쪽에 있는 슈타인암라인까지 곧장 갈 수도 있다. 하지만 여객 운임이 만만치 않은 데다가 샤프하우젠역의 코인 로커에 짐을 넣어두고 와서 뷔징겐 Büsingen 선착장까지만 가기로 하고 배에 올라탔다. 배가 생각보다 크고 라인강의 유속도 빠르지 않아서 배를 탔는지 육지에 있는지 구분되지 않을 정도로 편안했다. 작은 마을과 아담한 집들, 반듯반듯 줄지어 늘어선 포도밭 등의 강변 풍경이 더없이 평화로워 보였다. '그냥 이대로 끝까지 흘러가고 싶다'는 욕망을 단호히 끊고 독일 영토에 속한 뷔징겐 선착장에서 하선했다.

뷔징겐 선착장 근처의 정류장에서 놀랍도록 깨끗하고 디자인까지 훌륭한 시내버스를 타고 다시 샤프하우젠역으로 돌아왔다. 그곳에서 슈타인암라인역으로 향하는 열차도 밝은 색상과 세련된 디자인이 돋보였다.

비탈진 포도밭 위에 자리잡은 무노트 요새

무노트 요새에서 바라본 라인강

라인강변의 보석, **슈타인암라인**

슈타인암라인 Stein am Rhein 은 라인강변의 소도시들 가운데 중세시대의 흔적이 가장 완벽하게 보존된 곳이다. 라인강 남쪽의 슈타인암라인역에서 10분 남짓 걸으면 중세시대 건물들이 즐비한 구시가지에 도착한다. 가는 길에 라인강교 Rhine River Bridge 위에서 바라본 풍경은 그야말로 한폭의 수채화처럼 아름다웠다. 무엇보다 심산유곡의 계곡물처럼 투명한 라인강의 물빛이 인상적이다. 강변 의자에 앉아 정담을 나누는 사람들 앞으로는 야생 흑고니와 물닭이 한가로이 헤엄을 친다. 자연과 인간이 일말의 배타심이나 경계심 없이 사이좋게 공존한다.

슈타인암라인의 구시가지는 샤프하우젠과 아주 흡사하다. 고색창연한 건물, 건물 외벽의 화려한 프레스코 벽화와 퇴창, 정교한 인물상

샤프하우젠 선착장을 막 출발한 라인강 여객선

중세시대의 다양한 인물이 그려진 '하얀 독수리' 건물의 프레스코화

이 올려진 분수 등 샤프하우젠의 일부를 고스란히 옮겨온 듯하다. 시청 Rathaus, '하얀 독수리 Weisser Adler', '태양의 집 Haus zur Sonne' 등 르네상스 시대 건물의 외벽에 그려진 프레스코화는 오히려 샤프하우젠을 압도한다.

슈타인암라인의 프레스코화 중에서도 압권은 '하얀 독수리' 건물에 그린 벽화다. 1418년에 지어진 이 건물에는 하얀 독수리뿐만 아니라 이탈리아의 작가 보카치오가 1353년에 완성한 소설집 《데카메론》의 여러 이야기에서 영감 받았다는 프레스코화가 빼곡하게 그려져 있다. 사랑과 배신, 종교적 풍자 등에 관한 내용을 담고 있다. 그림 속 인물들은 마치 살아 있는 것처럼 선명하고 생동감 넘친다.

'하얀 독수리' 앞의 시청 건물은 16세기에 지어졌다. 고딕 양식의 창문과 정교한 목조 조각이 두드러져 보이는 이 건물의 외벽에 슈타

16세기의 프레스코 벽화가 눈길을 끄는 슈타인암라인 시청

인암라인의 역사를 묘사한 프레스코화가 있다. 시청 꼭대기에 설치된 대형 시계탑은 이 도시의 랜드마크다. 약 700년 전쯤에 제작했는데도 여전히 정확한 시간을 알려준다.

시청 가까이 있는 '태양의 집'도 르네상스 시대인 1520년경에 지어진 건물이다. 외벽에는 알렉산더 대왕에게 "햇볕을 가리지 말라"고 말한 디오게네스의 일화를 묘사한 프레스코화가 그려져 있다. 오랫동안 숙박업소와 선술집으로 사용하다가 지금은 개인 주택으로 바뀌었다. 이 집 앞의 광장에는 1601년에 한스 바우어라는 조각가가 만든 마르크트브룬넨 Marktbrunnen (시장 분수)이 옛 모습 그대로 서 있다. 마셔도 될 만큼 깨끗한 물을 뿜어내는 분수 위쪽에는 용을 무찔렀다는 전설로 유명한 성게오르기우스 St. Georgius 조각상이 장식돼 있다.

슈타인암라인의 구시가지에서는 발걸음이 저절로 느려진다. 구시가지 전체의 면적이 별로 크지 않은 데다가 시간이 멈춘 듯한 풍경은 갈 길 바쁜 여행자의 발걸음조차 느릿해지게 만든다. 19세기 중반 이 지역의 부르주아 생활과 농경 생활을 재현해놓은 린트부름 박물관 Museum Lindwurm, 슈타인암라인을 상업적으로 번영하게 만들었다는 성게오르게 수도원 St. George's Abbey 등을 꼼꼼히 둘러봤는데도 시간이 여유로웠다. 딱히 목적지를 두지 않고 이곳저곳을 좀 더 기웃거리다가 해가 설핏 기울어질 즈음에 슈타인암라인역으로 향했다. 언젠가 다시 오리라 다짐하면서….

성게오르게 수도원 옆의 라인강에서 혹고니와 물닭이 한가롭게 헤엄치고 있다.

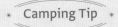
샤프하우젠 캠핑장(Camping Schaffhausen)

샤프하우젠 근처 랑비젠Langwiesen의 라인강 변에 있는 캠핑장이다. 캠핑장의 시원한 나무그늘 아래에 앉아서 라인강을 오르내리는 배들을 구경하는 것만으로도 시간 가는 줄 모른다. 텐트 사이트 이외에도 캠핑카, 캐러밴 등의 모바일홈을 위한 사이트, 글램핑의 일종인 발덴미첼테Walden-Mietzelte도 갖췄다. 전반적인 편의시설이 훌륭한 편이고, 라인강 전망이 좋은 레스토랑 라인게누스RheinGenuss도 이 캠핑장의 자랑이다. 강변의 넓은 잔디밭은 아이들의 놀이터로 제격이다.

샤프하우젠 캠핑장의 텐트 사이트   라인강변의 샤프하우젠 캠핑장 잔디밭

* Travel Tip *

⊛ 라인폭포는 기차를 타고 찾아가기 쉽다. 남쪽에는 '슐로스 라우펜 암 라인펄Schloss Laufen am Rheinfall', 북쪽에는 '노이하우젠 라인펄

Neuhausen Rheinfall' 기차역과 가깝다.

◉ 취리히주에 속한 라우펜성을 통해 라인
폭포를 방문하면 입장료(성인 5유로)가
부과되지만, 강 건너편 샤프하우젠주의
노이하우젠 방면에는 입장료가 없다.

라인강 유람선의 2층 갑판

◉ 라인폭포 보트 투어는 1번 노란 보트
(바위섬 상륙, 30분 소요), 2번 빨간 보트
(강 건너편의 라우펜성 선착장 행, 5분 소요), 3번 파란 보트(폭포 주변 한
바퀴, 15분 소요), 5번 분홍 보트(30분 동안 오디오 가이드를 제공하는
폭포 주변 투어. 한국어 설명 제공) 등 4종류가 있다. 티켓은 인터넷사
이트(https://rhyfall-maendli.ch/tickets)와 현장에서 구매 가능하다.

◉ 라인폭포 서남쪽의 뵈르트성 선착장 주변에는 P1~P4, 동쪽의 라
우펜성 근처에는 P5, P6 주차장이 있다. 오후 6시~오전 9시까지는
주차비를 받지 않는다.

◉ 서쪽 샤프하우젠과 동쪽 보덴호 Bodensee (콘스탄츠호)의 관문인 크
로이츠링겐 Kreuzlingen 사이에는 라인강 여객선이 왕복 운항한다. 운
터제운트라인 Untersee und Rhein 사의 이 여객선은 슈타인암라인을 포
함해 소도시 15곳의 선착장도 경유한다. 물론 안개, 폭풍우, 홍수,
가뭄 등의 자연재해나 기상악화로 운항 노선이 단축되거나 멈출
수도 있다. 샤프하우젠에서 슈타인암라인까지의 운항 소요시간은
약 2시간(편도)이다. 선사의 홈페이지(https://www.urh.ch)에서 운
항 정보 등의 자세한 정보를 확인할 수 있다.

프랑스

04

아비뇽

교황권과 왕권이 역전된
'아비뇽 유수'의 역사 현장

Avignon

아비뇽은 아주 오래 전부터 낯익은 지명이다. '잡아 가둠'이라는 뜻의 '유수幽囚'라는 한자말이 늘 뒤에 한몸처럼 따라붙는 역사 현장이기 때문이다. 이른바 '아비뇽 유수Avignon Papacy'는 제1대 베드로 교황 이후 줄곧 이탈리아 로마(바티칸)에 자리했던 교황청이 1309년부터 1377년까지 68년간 아비뇽으로 옮겨진 대사건을 가리킨다. B.C. 597년에 유다 왕국이 신바빌로니아 제국에 멸망하면서 수많은 유대인이 바빌론으로 끌려가 70여 년 동안 노예 생활을 한 '바빌론 유수'에 빗대서 붙은 명칭이다.

아비뇽 유수는 왕권과 교황권이 역전되는 대사건이었다. 당시 '미남왕 le Bel, Ederra'으로 부르던 프랑스 국왕 필리프 4세는 세금 징수를 비롯한 여러 문제로 제193대 교황 보니파시오 8세와 심각하게 대립했다. 그러던 중 1303년 9월 어느 날 교황이 자신의 고향인 아나니의 별궁에 머문다는 소식을 듣고 프랑스군을 급파했다. 교황을 생포한 프랑스군은 교황의 뺨을 때리는 등 모욕하며 사퇴하라고 압박했다. 교황은 끝내 거부했고, 아니니 시민들은 교황을 지키기 위해 봉기했

프랑스

다. 결국 프랑스군은 교황을 풀어주고 퇴각했지만 큰 충격을 받은 교황은 풀려난 지 한 달 만에 사망했다.

보니파시오 8세의 후임으로 선출된 베네딕토 11세도 8개월 만에 사망했다. 그 뒤로 약 1년 동안 새 교황이 선출되지 못했다. 교황 선출권을 가진 추기경들이 친 프랑스파와 반 프랑스파로 분열된 탓이었다. 그러다 친 프랑스파의 세력이 점차 커졌고, 마침내 프랑스 사람인 베르트랑이 제195대 교황인 클레멘스5세로 선출됐다. 새 교황의 즉위식은 프랑스 국왕이 지켜보는 가운데 프랑스 리옹에서 거행됐다.

클레멘스 5세는 로마 교황청으로 들어가지 않은 채 프랑스에 머물렀다. 1309년에는 교황청을 아예 아비뇽으로 옮겼다. 이른바 '아비뇽 유수'가 시작된 것이다. 1377년까지 존속한 아비뇽 교황청 Palais des

아비뇽 성벽 북쪽의 내부 모습. 높이 8m의 성벽 위에는 대형 방어탑과 중간탑이 곳곳에 있다.

로쉐데돔 정원 전망 포인트에서 바라본 아비뇽 성벽의 로쉐타워문과 생베네제 다리

Papes에는 총 7명의 교황이 거쳐갔다. 모두 프랑스 사람이다. 당시 아비뇽은 프랑스 국왕의 지배를 받지 않는 프로방스백작의 영지였다가 나중에 이 영지를 상속받은 나폴리·시칠리아 왕국의 여왕 조안 Joan 의 영토가 되었다. 하지만 프랑스 출신의 교황들은 당연히 프랑스 국왕의 간섭과 영향을 받을 수밖에 없었다.

아비뇽 교황청은 마름모꼴로 둘러쳐진 아비뇽 성벽 Remparts d'Avignon 안에 자리잡았다. 이 성벽은 아비뇽 교황청의 다섯 번째 교황인 인노첸시오 6세 재위 1352~1362 가 교황청 방어를 위해 구축했다. 성벽의 총길이는 4.4km, 높이는 평균 8m에 이른다. 론강과 맞닿은 북쪽의 '파프 성벽'은 12m나 된다. 성벽 위에는 각각 35개씩의 대형 방어탑과 중간탑이, 성벽 아래에는 자동차 통행이 수월할 정도로 큼직한 성문 7곳이 설치돼 있다. 오늘날까지도 원형이 잘 보존된 아비뇽 성벽은 문외한의 눈에도 난공불락의 요새로 보인다.

아비뇽 성벽의 북쪽 성문인 포르트 뒤론 Porte du Rhône 을 지나 성 내부로 들어갔다. 성벽을 따라 얼마쯤 걷다가 로쉐타워문 Porte du Rocher Tower 의 계단을 통해 성벽에 올랐다. 로쉐데돔 정원 Rocher des Doms 과 곧바로 이어지는 이 성벽 길의 전망 포인트에서는 론강을 반쯤 가로지른 생베네제 다리 Pont Saint Benezet 가 한눈에 들어온다. 프랑스

아비뇽 교황청의 교황들이 마시는 와인을 생산하기 위해 조성한 포도밭

에서 가장 유명한 다리다. 프랑스 어린이들이 가장 즐겨 부르는 노래
가 〈아비뇽 다리 위에서Sur le Pont d'Avignon〉라는 민요이고, 그 아비뇽 다
리가 바로 이 생베네제 다리다.

　생베네제 다리는 12세기에 양치기 소년 베네제가 신의 계시를 받
아 혼자서 처음 놓기 시작했다고 전해진다. 베네제가 천사의 도움으
로 커다란 바위를 들어 옮기는 기적을 보여준 뒤로는 수많은 사람이
다리 건설 공사에 동참했다고 한다. 1177년에 시작된 건설 공사는
1185년에 마무리됐다. 처음에 22개의 아치로 건설돼 론강 건너편의
필립르벨 타워Philippe-le-Bel Tower까지 이어진 생베네제 다리의 총 길이
는 915m나 됐다. 하지만 여러 차례의 홍수와 범람으로 상당 부분이

유실된 바람에 현재는 4개의 아치만 남았다.

끊어진 아비뇽 성벽의 가장 높은 곳에는 로쉐데돔 정원이 있다. 의외로 소박하게 꾸며진 영국식 공공 정원이다. 공원 내의 숲과 꽃밭, 연못 등도 작고 아담하다. 공원 한쪽에는 넓지 않은 포도밭도 있다. 교황이 마시는 와인을 자체생산하기 위해 조성해놓은 것이다. 아비뇽은 프랑스에서 보르도에 이어 2번째로 포도 재배 면적과 와인 생산량이 많다고 한다. 이 지역에서 생산된 코트뒤론Côtes du Rhône은 프랑스인이 가장 좋아하는 고급 와인 중 하나로 꼽힌다.

로쉐데돔 정원 남쪽의 계단식 진입로를 내려서면 아비뇽 대성당 Cathédrale Notre-Dame des Doms d'Avignon의 육중한 건물과 황금빛 성모상이 우뚝하다. 12세기에 건축 공사가 시작되어 1425년에 완공됐다는 이 대성당은 로마네스크 양식과 고딕 양식이 혼합돼 있다. 내부에는 교황 요한 22세와 베네딕토 12세의 묘, 생베네제 다리를 처음 놓은 생베네제, 성모마리아를 비롯한 성상聖像, 17세기의 벽화 등 다양한 예술 작품이 있다.

아비뇽 대성당 내부의 생베네제상

아비뇽 대성당 바로 옆에는 '세상에서 가장 큰 고딕 양식 궁전'이라는 아비뇽 교황청이 자리 잡았다. 아비뇽 교황청의 3번째 교황인 베네딕토 12세는 당시 교황청으로 사용하던 주교궁을 허문 뒤에 오늘날 '올드 팰리스Old Palace'(구궁전)라 부르는 건물을 지었다. 그 뒤를 이은 교황 클레멘스 6세는 신궁전을 건립하고 나폴리·시칠리아 왕국의 조안 여왕에게서 아비뇽을 사들여 교황령에 편입했다. 교황이 로마로 되돌아간 뒤에 아비뇽 교황청은 수백 년 동안 로마 교황청 공식 사절단의 숙소로 사용되었다. 프랑스 대혁명을 주도한 국민의회는 아비뇽 교황청에 머물고 있던 사절단을 쫓아낸 뒤 건물을 철거하기로 결정했지만 쉽게 무너지지 않았다. 그 뒤로 소유권은 아비뇽시에 넘어갔고, 한때는 군대 병영으로 사용되기도 했다.

아비뇽 교황청 내부의 '소박한' 정원

오늘날의 아비뇽 교황청은 박물관으로 운영된다. 관람객들은 예배당, 회랑 등으로 구성된 내부를 둘러보며 히스토패드HistoPda를 이용한 증강 현실AR 기술로 당시의 화려했던 모습을 생생히 되살려 볼 수 있다. 당시 교황이 실제 사용한 기물과 정교하고 다양한 성상, 당대 최고의 예술가들이 완성한 프레스코 벽화와 도자기 타일 등도 곳곳에 남아 있다.

아비뇽 교황청의 안뜰은 세계적인 연극제로 손꼽히는 아비뇽 연극제 기간 중에 주요 공연 장소 중 하나로 활용된다. 최대 2,200명을 수용할 수 있는 이곳의 야외 무대는 마치 로마 시대의 원형극장 같은 분위기를 풍기는데, 셰익스피어 작품의 고전 연극부터 현대 연극까지 다양한 장르의 연극이 공연된다.

아비뇽 교황청, 아비뇽 대성당, 생베네제 다리, 아비뇽 성벽, 로쉐돔 정원은 1995년에 '아비뇽 역사지구'라는 이름으로 유네스코 세계유산으로 등재됐다. 14세기 중세 시대의 모습이 거의 완벽하게 보존된 아비뇽 역사지구를 한눈에 감상하려면 론강 건너편의 바스텔라스섬 Ile de la Barthelasse으로 가야 한다. 아비뇽 성벽의 7개 성문 중 하나인 포르트 드 룰Porte de l'Oulle을 나와서 에두아르 달라디에 다리Pont Édouard Daladier를 건너면 론강 한가운데에 떠 있는 이 섬에 도착한다. 강 한복판에 형성된 섬으로는 프랑스에서 가장 크다고 한다. 이 섬의 다리 아래 론강변에서는 강 건너편 아비뇽 역사지구의 모든 건축물이 고스란히 시야에 들어온다. 정작 성안에 있을 때에는 가늠조차 안 될 만큼 스펙터클한 풍경이 눈앞에 펼쳐진다.

히스토패드에 재현된
교황청 내부의 옛 모습

교황청 내의 생장 예배당에 그려진
프레스코 벽화

아비뇽 교황청 내의 성상

아비뇽 교황청에서 자동차로 약 30분 거리에는 현존하는 로마 시대의 수도교 가운데 가장 높고 훌륭한 것으로 평가되는 가르교Pont du Gard가 있다. B.C. 19년에 공사를 시작해 B.C. 1년에 완공된 이 삼중 수도교는 높이 49m, 길이 275m에 이른다. 2,000여 년 전의 건축물인데도 근래 완공된 것처럼 형태가 완벽하다. 처음 본 순간 "우와!" 하는 감탄사가 절로 터져 나온다.

가르교는 님Nîmes에 깨끗한 물을 공급하기 위해 50km나 이어진 수도 시스템 중 일부로 건설됐다. 맨 위층에 수로가 만들어졌고, 맨 아래층은 사람들이 건너다니는 인도교로 쓰였다. 3층 아치 구조인 가르교의 설계와 건설 공사를 주도한 사람은 로마 제국의 초대 황제인 아우구스투스의 사위이자 막역한 친구인 아그리파다. 이 수도교는 오늘날까지 남은 고대 로마의 건축물 중에서도 독보적인 규모와 구조적 완성도를 갖춘 것으로 평가된다. 고대 로마의 뛰어난 건축기술을 단적으로 보여주는 걸작이므로 꼭 한번 찾아볼 만하다. 가르교 근처에는 수령이 무려 천년이나 된다는 올리브 나무Oliviers Millénaires, 가르교 전경을 조망하는 천연 전망대Vinny72 view point, 선사 시대 유적인 살페트리에르 동굴Grotte de la Salpêtrière 등도 있다.

가르교 아래의 가르동 강변에서
한가로이 휴식하는 사람들

아비뇽 다리 캠핑장(Camping du Pont d'Avignon)

론강 한가운데에 떠 있는 바스텔라스섬의 울창한 숲에 자리 잡았다. 캠핑 사이트 주변에 아름드리 고목이 많아서 그늘이 좋고 잔디 상태도 괜찮은 편이다. 캠핑장 내의 편의 시설은 평균 수준이다. 근처에 아비뇽 역사지구의 로쉐데돔 정원으로 곧장 들어갈 수 있는 무료 셔틀 여객선 선착장Bac du Rocher des Doms이 있다.

아비뇽 다리 캠핑장의 캠핑 사이트와 수영장

바가텔르 파빌리온 블루 캠핑장(Camping Bagatelle Le Pavillon Bleu)

아비뇽 다리 캠핑장과 이웃해 있고, 에두아르 달라디에 다리와도 가깝다. 이 캠핑장 역시 면적이 넓고 나무가 울창해서 여름철에도 시원하게 캠핑을 즐길 수 있다. 캠핑 사이트뿐만 아니라 호텔, 호스텔, 레스토랑, 수영장 등 편의시설이 다양하게 갖춰져 있다. 이 캠핑장 입구의 론강변에는 무료 주차장Parking de l'ile de la Barthelasse이 있다. 캠핑장을 체크아웃했다면 여기에 차를 세워두고 아비뇽 역사지구를 둘러보는 것이 좋다.

❋ 로쉐데돔 정원 아래의 선착장과 바스텔라스섬 선착장 사이를 무료로 운항하는 셔틀 여객선은 대략 15분 간격으로 출발한다. 계절, 요일에 따라 운항 시작시간과 종료시간이 다르므로 이용 당일에 구글맵으로 확인해보는 것이 좋다.

❋ 아비뇽 중앙역에서 아비뇽 교황청까지의 거리는 약 1km에 불과하다. 걸어서 15분 거리다.

❋ 교황청, 생베네제 다리 등 아비뇽의 대표 명소 입장, 대중 교통 탑승, 자전거나 카약 대여 등의 혜택이 기본 제공되는 아비뇽 시티 패스 Avignon city pass를 구입하면 더 알차게 아비뇽을 여행할 수 있다. 인터넷(https://avignon-tourisme.com/en/tickets)에서도 구매할 수 있다.

❋ 약 2시간 정도 전문 가이드와 함께 걸으면서 영어나 프랑스어로 아비뇽 역사지구에 대해 자세한 설명을 들을 수 있는 가이드 투어가 있다. 인터넷(https://www.lesnoctambulesdavignon.com) 신청도 가능하다. 참가비는 1인당 25유로(성인).

론강 무료 셔틀 여객선

바스텔라스섬 론강변의 무료 주차장

고흐가 사랑한
'작은 로마'

프랑스 ──────

05 |

아를

현재 아를 원형 경기장의 유일한 출입구인 북쪽 게이트

Arles

     '아를' 하면 비운의 천재 화가 빈센트 반 고흐 Vincent van Gogh, 1853~1890 가 맨 먼저 떠오른다. 37세의 길지 않은 삶을 스스로 마감한 그가 아를에 머무른 기간은 사실 15개월밖에 안 된다. 하지만 그의 대표작으로 손꼽히는 작품 대부분이 아를의 따뜻하고 강렬한 햇살 아래에서 탄생했다. 그래서 아를 여행은 고흐의 자취와 작품 속 배경을 찾아가는 여행이나 다름없다.

     흔히 '프로방스 Provence'라 부르는 남프랑스에는 아주 매력적인 도시들이 즐비하다. 고흐 이외에도 세잔, 피카소, 마티스, 샤갈 등 화가들이 사랑한 소도시도 많고 니스, 칸, 앙티브 등과 같이 세계적으로 유명한 휴양지도 한둘이 아니다. 그 가운데 딱 한 곳만 다시 간다면 나는 주저 없이 아를을 선택할 것이다. 물론 고흐 때문만은 아니다. 고흐의 자취와 이야기를 훌쩍 뛰어넘는 역사와 가치를 품은 곳이 곳곳에 산재해 있다.

     아를은 로마 다음으로 로마 유적이 많이 발견된 지역이어서 '작은 로마'라고도 한다. 론강 하구에 있는 아를은 로마 역사상 가장 위대한 업적을 남긴 인물로 평가되는 율리우스 카이사르 B.C. 100~B.C. 44 의 갈리아 원정으로 로마 영토에 편입됐다. 그때부터 아를은 지중해와 론강을 통한 교역의 중심지이자 로마 제국의 주요 도시 중 하나로 발전했다.

로마 고도古都 아를의 여행은 레퓌블리크 광장 Place de la Republique 에서 시작하는 것이 좋다. 도심 한복판에 있는 이 광장의 중앙에는 4세기경 로마 시대 유물인 오벨리스크가 20m 높이로 우뚝 솟아 있다. 청동 인면상과 사자상이 조각된 오벨리스크의 북쪽에는 아를 시청 Hôtel de Ville , 동쪽에는 생트로핌 성당 Église Saint-Trophime 이 자리 잡았다. 아를의 대표적인 고대 유적인 고대 극장 Théâtre Antique 과 원형 경기장 Arènes

아를 시청 지하의 크립토포르티쿠스. 천장의 구멍으로 빛이 들어온다.

레퓌블리크 광장의 오벨리스크와 아를 시청. 맨 오른쪽 건물은 생트로핌 성당이다.

d'Arles도 걸어서 5분 내외의 거리에 있다.

맨 먼저 아를 시청을 찾았다. 1627년에 세워졌다는 시청 건물이 아니라, 그곳 지하의 크립토포르티쿠스 Cryptoporticus라는 로마 시대의 회랑을 둘러보기 위해서다. B.C. 1세기에 건설된 크립토포르티쿠스는 길이 약 90m, 너비 60m에 달한다. 현재는 아를 시청 로비와 연결된 입구를 통해서만 드나들 수 있다.

아를의 크립토포르티쿠스는 원래 지상의 로마 포럼을 지탱하기 위해 만들었지만, 상업과 저장 공간으로도 활용되었다. 지하 건축물인데도 지상의 빛이 들어올 수 있도록 천장 한쪽에 네모진 창을 줄지어 설치해놨다. 'ㄷ' 자 모양 구조를 갖춘 내부에는 다양한 크기와 용도의 공간이 여럿 나뉘어 있다. 2,000여 년 전의 건축물이라고는 믿기지 않을 정도로 보존 상태가 좋다. 하지만 조명이 어둡고 인적조차 뜸해서 사람에 따라서는 공포심을 느낄 수도 있다.

아를 시청 옆에 자리한 생트로핌 성당은 12세기에 처음 세워졌다. 14세기까지 이어진 성당 건립 공사에는 근처 고대 극장의 석재를 사용하기도 했다. 이 장중하고 고풍스러운 성당은 두꺼운 벽, 작은 창문, 반원형 아치 등 로마네스크 양식 건물의 특징을 잘 보여준다. 서쪽의 정문 주변에는 '최후의 심판' 광경이 정교하게 조각돼 있다. 예수그리스도를 중심으로 수많은 천사와 베드로, 바오로 등의 제자, 트로피누스와 스테파노 같은 성인 등의 조각상이 빼곡하다.

성당 내부는 의외로 소박하고 간결하다. 화려한 장식은 별로 없고 생오노라와 생트로피누스의 석관, 17세기에 오부송Aubusson에서 제작했다는 태피스트리, 화가 루이 핀손Louis Finson이 1614년에 그린 〈성스테파노의 투석형〉을 비롯한 성화 등이 남아 있다. 로마네스크 양식과 고딕 양식이 혼합된 회랑cloister이 아름다운 성당으로도 유명하다.

생트로핌 성당에서 직선으로 200m 남짓한 거리에 아를의 랜드마크 격인 원형 경기장이 있다. 로마 제국의 11대 황제인 도미티아누스의 재위(A.D. 81~96) 당시에 세워졌다. 이 원형 경기장은 높이가 21m

생트로핌 성당 정문 주변에 세밀하게 조각한 '최후의 심판' 광경과 열두 제자 상

오부송 태피스트리 아래의 생오노라 묘

에 긴 쪽의 지름은 136m, 짧은 쪽은 107m로 타원형을 이룬다. 최대 20,000명을 수용한다는 이 경기장을 떠받치는 아치는 1, 2층을 모두 합쳐 120개나 된다. 아치와 아치 사이에 도리아 양식과 코린트 양식으로 만든 외부 기둥이 세워져 있다. 구조적 안정성뿐만 아니라 미적인 아름다움까지 돋보이는 기둥이다.

로마 시대의 원형 경기장에서는 검투사 경기나 맹수 사냥같이 목숨을 건 잔혹 이벤트가 주로 열렸다. 로마 제국의 쇠퇴 이후인 6세기 말부터는 아를 주민의 거주공간으로 바뀌기 시작했다. 한때는 212채의 집과 2개의 예배당이 들어서기도 했고, 중세시대에는 요새로도 사용됐다. 오늘날 2층 아치 위에 불쑥 솟은 3개의 탑이 바로 중세시대에 증축한 망루다. 1825년 국가 유적으로 지정된 뒤로는 경기장 안의 모든 집과 건물이 철거돼 원래 모습을 되찾았다. 현재는 투우, 연극과 콘서트, 부활절 박람회 등이 열리는 문화 공간으로 활용된다.

아를 원형 경기장에서 열리는 투우는 본고장 스페인의 투우와는 사뭇 다르다. 가장 큰 차이는 소를 죽이지 않는다는 점이다. 스페인 투우는 투우사가 소를 죽여야 끝나는 것이 일반적인 반면, 아를의 투우는 투우사가 소뿔에 묶어 놓은 리본을 잡아채면 끝난다. 이처럼 비폭력적인 아를 원형 경기장의 투우는 오늘날에도 꾸준히 열린다. 이곳에서 투우 광경을 직접 관람한 고흐도 〈아를의 원형 경기장Les Arenes D'Arles〉이라는 작품을 남겼다. 투우 자체보다도 관중을 더 눈여겨본 고흐의 독특한 관점이 엿보이는 작품이다.

원형 경기장의 서남쪽에는 로마 제국의 초대 황제인 아우구스투스(옥타비아누스)의 재위(B.C. 27~A.D. 14) 기간 중에 세워진 고대 극장이 있다. 50여m 떨어진 원형 경기장보다 100년 이상 앞선 건축물이다. 파리의 루브르 박물관에 전시된 〈아를의 비너스〉도 이곳에서 발견되었다.

아를 고대 극장은 크게 카베아Cavea, 무대, 무대 뒤의 장식벽 등 세 부분으로 나뉜다. 그중 카베아는 직경 102m의 반원형 관람석이다. 33개의 계단으로 이루어진 관람석에는 약 10,000명이 동시에 앉을 수 있다. 앞쪽에는 폭 50m, 길이 60m의 직사각형 무대가 있다. 그 뒤편의 장식벽에는 원래 기둥 3개가 세워져 있었으나 지금은 두 개만 남았다. 원형 경기장과 마찬가지로, 이 고대 극장에서도 연극, 음악, 춤

아를 원형 경기장의
아치형 회랑

고대 극장의 관람석과 무대. 뒤쪽에 원형 경기장의 2층 아치가 보인다.

등 다양한 예술 공연이 종종 열린다.

고흐의 여러 작품 가운데 개인적으로 가장 좋아하는 것은 〈밤의 카페 테라스 Café Terrace at Night 〉다. 별빛 가득한 밤하늘의 파란색과 카페 차양막의 노란색이 강렬한 대비를 이루는 작품이다. 언젠가 이 그림이 그려진 우산을 구입하기도 했다. 이 작품의 실제 배경이라는 카페 반 고흐 Café Van Gogh 는 레퓌블리크 광장에서 도보로 불과 2분 거리다. 길지 않은 길을 걷는 내내 가슴이 두근거렸지만 막상 눈앞에 보이는 카페는 다소 실망스러웠다. 무엇보다 그림 속의 풍경처럼 강렬하지도 정돈되지도 않았다. 어쩌면 그림 속의 밤 풍경을 낮에 봤기 때문인지도 모른다.

고흐의 작품 〈밤의 카페 테라스〉의 실제 배경이라는 카페 반 고흐

고흐의 작품 〈아를 요양원의 정원〉을 재현해놓은 듯한 에스파스 반 고흐

포럼 광장 Place du Forum에 있는 카페 반 고흐에서 300m 거리에는 '반 고흐의 공간'이라는 뜻의 에스파스 반 고흐 Espace Van Gogh 가 있다. 정신 병으로 고통받던 고흐가 입원한 요양원이다. 그가 1889년에 그린 〈아를 요양원의 정원 Le Jardin de la Maison de Santé à Arles 〉에 등장하는 장소로도 유명하다. 지금의 건물 도색과 정원 조경도 고흐의 작품을 토대로 복원한 것이어서 마치 그림 속에 들어온 듯하다. 현재는 고흐와 관련된 전시와 행사가 열리는 종합 문화 센터로 운영된다. 도서관과 전시관, 기념품점도 있다.

아를 도심에서 약간 벗어난 곳에 있는 알리캉스 Alyscamps 로 발길을 돌렸다. 그곳으로 가는 도중에는 고흐의 작품 〈아를 공공 정원 입구〉 의 배경이 된 여름 정원 Jardin d'été , 아우구스투스 황제 시절에 쌓은 성벽의 일부인 무르그탑 Tour des Mourgues을 볼 수 있다. B.C. 1세기에 조성된 알리캉스는 중세시대까지 약 1,500년 동안 사용된 공동묘지(네크로폴리스)다. 전통적으로 로마의 도시들은 도시 내에 시신의 매장을 금지했고, 대부분의 무덤과 공동묘지는 도시 외곽에 조성했다.

알리캉스는 로마 제국이 기독교를 공인한 4세기 이후에 기독교 성지로 알려지기 시작했다. 생제네시우스 Saint Genesius , 생트로피무스 Saint Trophimus , 생오노라 등의 성인들이 묻혔기 때문이다. 중세시대인 12세기에는 알리캉스 내에 생오노라 교회 Église Saint-Honorat 가 세워졌고, 성지로서의 명성이 유럽 전역에 퍼지면서 순례자들의 발길이 끊이질 않았다. 그러나 르네상스 시대에 들어와서는 도굴이나 약탈을 당했고 16세기에는 생오노라 교회가 폐허로 변했다. 19세기에는 철도와 운하 건설로 일부가 훼손되기도 했다.

알리캉스에서 방문객의 눈길을 붙잡는 것은 헤아릴 수 없이 많은 석관이다. '사르코파구스 sarcophagus'라고 부르는 이곳 석관은 형태와 문양이 매우 다양하다. 주인의 생애나 신화의 한 장면을 담은 조각상이 빈틈없이 빼곡하게 새겨진 석관도 적지 않게 발견됐다. 그런 석관들은 대부분 고대 아를 프로방스 박물관Museum of ancient Arles and Provence 으로 옮겨졌다. 현재 알리캉스에는 단순하고 밋밋한 석관들만 즐비하다.

알리캉스 맨 안쪽에 자리한 생오노라 교회 내부

고흐의 〈론강의 별이 빛나는 밤〉의 배경이 된 론강

이곳에도 빈센트 반 고흐의 자취가 또렷하다. 1888년 10월에 폴 고갱과 함께 이곳을 찾은 고흐는 〈알리캉스 Les Alyscamps 〉, 〈떨어지는 가을 잎 Falling Autumn Leaves 〉 등의 작품을 남겼다.

아를 시내 한복판을 네댓 시간 동안 걷다 보니 도심에서 벗어나 탁 트인 풍광을 마주하고 싶었다. 고흐의 대표작 중 하나인 〈론강의 별이 빛나는 밤 Starry Night Over the Rhône 〉을 떠올리며 아를 도심에서 멀지 않은 론강으로 향했다. 눈 앞에 펼쳐진 론강 풍경은 다소 실망스러웠다. 콘크리트 제방으로 깔끔하게 단장한 강변에서는 그림 속의 서정적인 풍경을 엿볼 수 없었다. 그나마 위안이 된 것은 살랑거리는 강바람과 얼굴을 가린 채 수줍게 웃는 연인들의 모습이었다.

론강 제방 옆에는 콘스탄틴 대욕장Thermes de Constantin이 있다. 로마 제국의 콘스탄티누스 황제(재위 306~337) 재위 당시에 아를 시민의 사회적 교류와 공중위생을 위해 지어졌다는 공중목욕탕이다. 온탕인 테피다리움tepidarium, 열탕인 칼다리움caldarium, 냉탕인 프리기다리움 frigidarium 등 다양한 욕탕을 갖췄다. 대규모 욕탕에 필요한 물은 바로 옆의 론강에서 손쉽게 공급받을 수 있었다.

콘스탄틴 대욕장에서 론강을 따라 1.3km만 가면 고대 아를 프로 방스 박물관에 도착한다. 가는 길에는 론강을 가로지른 트랭케타유 다리Pont de Trinquetaille 아래를 지나게 된다. 고흐가 흐린 날 아침의 계 단과 다리를 특유의 색채와 붓질로 완성한 〈트랭케타유 다리의 계단

론강 옆에 있는 콘스탄틴 대욕장

론강 바닥의 진흙 속에 파묻혀 있던 '아를의 로마 배'

프랑스

L'escalier du Pont de Trinquetaille〉속의 바로 그 다리다. 이 다리의 남쪽과 연결된 계단 앞에는 작품 안내 표지판이 세워져 있다.

'아를 고대 박물관'으로도 부르는 고대 아를 프로방스 박물관에는 아를 일대에서 발견된 로마 시대의 유물이 가득하다. 아우구스투스, 카이사르, 헤라클레스 등의 인물상, 정교하고 세밀한 인물상이 빼곡하게 장식된 알리캉스의 석관들, 로마시대 저택의 바닥에 깔렸던 '아이온의 모자이크', 2004년 론강 바닥의 진흙 속에서 발견된 대형 목선 '아를의 로마 배 Arles-Rhône' 등이 눈여겨볼 만하다. 로마시대 당시에 교역 중심지였던 아를이 얼마나 융성하고 부유했는지 여실히 보여주는 유물들이다. 하나같이 보존 상태도 좋아서 오래도록 깊은 감동과 진한 여운을 남긴다.

시간과 영원의 신 아이온을 중심으로 다양한 인물이 배치된 '아이온의 모자이크'

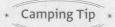

라르레지엔느(L'Arlésienne) 캠핑장

아를 외곽에 있는 3성급 캠핑장으로 72개의 캠핑 사이트와 32개의 모바일홈이 있다. 바, 레스토랑, 온수 수영장, 어린이 놀이터, 물놀이 슬라이드 등을 두루 갖춘 캠핑장이다. 캠핑 사이트마다 나무 울타리가 3면을 둘러싸고 있어서 프라이버시가 보호되기도 하지만, 한편으로 답답한 느낌도 든다. 캠핑장에서 250m 거리의 정류장에는 아를 도심으로 바로 연결되는 버스가 정차한다.

라르지엔느 캠핑장의 사이트. 사이트마다 나무 울타리를 둘렀다.

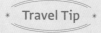
* Travel Tip *

✤ 아를 관광 공식사이트(https://arlestourisme.tickeasy.com/)나 아를 관광 안내소Tourist Office of Arles에서 아를 투어 패스를 구입하면 원형 경기장, 고대 극장, 생트로핌 성당의 수도원, 크립토포르티쿠스, 알

리캉스, 콘스탄틴 대욕장, 아를 고대 박물관 등의 대표 명소를 비교적 저렴하게 입장할 수 있다.

아를 관광 안내소와
아를 투어 패스

⊛ 아를 관광 공식사이트에서는 아를 원형 경기장이나 고대 극장에 열리는 문화 행사와 이벤트의 입장권도 예매할 수 있다.

⊛ 아를 시내의 인도를 걷다 보면 삼각형(▲)의 방향 표시가 있는 표지판 3개가 나란히 설치돼 있는 것을 볼 수 있다. 사람의 실루엣 그림은 고흐와 관련된 명소, 파란 기둥은 고대 유적, 녹색 동물상은 중세시대 유적을 가리킨다.

아를 시내의 길바닥에
표시된 삼각형 표시

⊛ '갈레트 Galette '는 프랑스의 대표적인 메밀 요리다. 얇은 메밀 부침 위에 모차렐라 치즈, 달걀, 햄 등을 올린 다음 사각형으로 접어서 약불로 천천히 달걀을 익혀 완성하는 음식이다. 메밀 특유의 바삭한 식감과 토핑 재료의 짭짤한 맛이 잘 어우러져서 한끼 식사로도 훌륭하다. 아를 원형 경기장과 고대 극장 사이의 삼거리에 있는 크레페리 맘 고즈 쉐 무아 Creperie Mam Goz Chez Moi 에서 제대로 된 칼레트를 맛볼 수 있다.

맘 고즈 쉐 무아의 갈레트

폴 세잔의 자취가 곳곳마다 서린
'물의 도시'

프랑스

06

엑상프로방스

로통드 분수가 자리한 회전 교차로 옆의 폴 세잔 동상

Aix-en-Provence

엑상프로방스는 평균 해발고도 270m의 나직한 구릉 지대에 자리 잡은 소도시다. 로마 시대부터 맑은 샘과 좋은 온천이 많기로 유명해서 '물의 도시'라는 수식어가 늘 따라붙는다. 엑상프로방스의 애칭인 엑스 Aix 도 물을 의미하는 접두사 '아쿠아aqua'에서 유래했다고 한다. B.C. 123년에 로마 집정관 섹스티우스 칼비누스는 이 도시를 처음 세우고 자신의 이름을 따서 '아쿠아 섹스티아이 Aquae Sextiae'라 이름 붙였다. '섹스티우스의 물'이라는 뜻이다.

'물의 도시' 엑상프로방스에는 유난히 분수가 많다. 로통드 분수Fontaine de la Rotonde, 9개의 대포 분수Fontaine des Neuf-Canons, 이끼 분수Fontaine Moussue, 르네왕 분수Fontaine du Roi René, 4마리의 돌고래 분수Fontaine des Quatre Dauphins, 알베르타 광장 분수Fontaine de la Place d'Albertas, 온천 분수Fontaine des Thermes 등 크고 작은 분수를 모두 헤아리면 100여 개에 이른다. 그중 가장 눈길을 끄는 것은 로통드 분수다.

미라보 거리의 한복판에 자리한 '9개의 대포 분수'

1860년에 세워진 로통드 분수의 꼭대기에는 세 여신 상이 올려져 있다. 각각 농업, 예술, 정의를 상징하는 여신이다. 한편으로 엑상프로방스, 아비뇽, 마르세유의 세 도시를 뜻한다는 이야기도 있다. 분수 아래쪽에는 천사, 백조, 물고기 등이 사면에 배치돼 있다. 바깥쪽에는 2마리씩 짝을 지은 6쌍의 청동 사자상이 늠름한 자태로 앉아 있다. 이 대형 분수는 엑상프로방스의 중심가인 쿠르미라보 Cours Mirabeau 입구에 있어 엑상프로방스 여행의 기점으로 삼기 좋다.

엑상프로방스의 분수들이 아무리 독특하고 예술성이 뛰어나다고 해도, 내가 그곳에 간 것은 분수를 보기 위해서가 아니다. 프랑스 후기 인상파의 대표 화가이자 '현대 미술의 아버지'라고 부르는 폴 세잔 Paul Cézanne, 1839~1906 의 고향이라는 사실이 나를 그곳으로 이끌었다. 폴 세잔이 태어나고 화가로서 활동하다가 눈을 감을 때까지 살았던 엑상프로방스에는 아직까지도 그의 자취가 또렷하다. 로통드 분수가 자리 잡은 회전 교차로 옆의 광장에도 화구를 짊어지고 어디론가 떠나는 폴 세잔의 동상이 서 있다.

로통드 분수를 사이에 두고 폴 세잔의 동상과 마주보는 곳이 미라보 거리의 입구다. 카페, 레스토랑, 기념품점, 명품샵 등이 즐비한 미라보 거리는 늘 많은 관광객으로 북적거린다. 자동차가 다니지 않아서 느긋하게 걷기 좋다. 폴 세잔과 그의 절친이자 《목로 주점》의 작가 에밀 졸라, 《이방인》의 작가이자 노벨상 수상자인 알베르 카뮈, 시인이자 영화감독인 장 콕토, 철학자 장 폴 사르트르 등 유명인사들의 단골 카페인 레뒤갸르송 Les Deux Garçons 도 이 거리에 있다. 1792년

1667년에 세워진 '4마리의 돌고래 분수'

에 처음 문을 연 이 카페는 2019년에 발생한 화재로 큰 피해를 입어 2024년 현재에는 문을 닫은 상태다. 엑상프로방스의 유서 깊은 분수들 가운데 9개의 대포 분수, 이끼 분수, 르네왕 분수도 이 거리에 있다. 알베르타 광장 분수와 4마리의 돌고래 분수도 미라보 거리에서 200m도 안 될 만큼 가깝다.

미라보 거리는 화·목·토요일에 특히 붐빈다. 주민들이 직접 생산한 농산물이나 치즈 등의 유가공품, 수공예 기념품 등을 갖고 와서 파는 프로방스 마켓 Provence Market 이 열리기 때문이다. 물론 옷이나 신발처럼 공장에서 대량 생산된 제품을 파는 사람도 적지 않다. 여기저

미라보 거리의 프로방스 마켓

엑상프로방스 거리의 이 표식을 따라가면
세잔과 관련된 장소에 도착한다.

기 기웃거리는 재미가 쏠쏠하지만 막상 지갑을 열게 할 정도로 매혹적인 물건은 눈에 띄지 않았다.

미라보 거리와 그 주변의 골목길을 무작정 걷다 보니 '오페라가 28번지 28 Rue de l'Opéra'를 무심코 지나쳤다. 그곳에서 세잔이 태어났다는 사실을 뒤늦게야 알았다. 미리 꼼꼼하게 정보를 챙기지 못한 나 자신이 한심스러웠다. 그래도 그라네 미술관Musée Granet에 들러 세잔, 렘브란트, 피카소, 자코메티 등 당대 최고 작가들의 예술품을 직접 감상했다는 것이 다소 위안을 주었다.

엑상프로방스에 남아 있는 폴 세잔의 자취 가운데 내가 가장 기대한 곳은 세잔 아틀리에 Atelier de Cezanne다. 세잔이 1902년부터 세상을 뜬 1906년까지 그림 작업에 몰두했던 공간이다. 그의 대표작으로 꼽히는 〈생트 빅투아르산〉, 〈목욕하는 사람들〉, 〈카드 놀이하는 사람들〉, 〈정물〉 등이 이곳에서 완성됐다.

세잔 아틀리에는 미라보 거리에서 걸어가도 될 만큼 가까운 곳은 아니어서 차를 타고 이동했다. 주변에 주차 장소가 마땅치 않아서 몇 번이나 그 앞을 지나쳐야 했다. 간신히 주차한 뒤 세잔 스튜디오 앞에 도착했는데, 정문에는 나를 맥빠지게 만드는 안내글이 붙어 있었다. 보존을 위한 리모델링 작업으로 2025년 봄에 다시 문을 열 계획이라는 내용이다. "허구한 날 두고 왜 하필이면 내가 왔을 때 닫은 거야?"라고 불평하며 발길을 돌릴 수밖에 없었다.

세잔 아틀리에 앞의 찻길을 따라 북쪽으로 750m쯤 올라가면 '화가의 언덕 Terrain des Peintres'에 다다른다. 세잔이 수시로 올라 생트 빅투아

세잔의 대표작 중 하나인
〈생트 빅투아르산〉

그라네 미술관에 전시된 세잔의 작품
〈목욕하는 사람들〉

리모델링 작업을 위해 임시 휴관한 세잔 아틀리에 정문

프랑스

르산Mont Sainte-Victoire을 화폭에 담던 장소다. 이곳에는 세잔의 그림 그리는 모습을 촬영한 사진과 설명글, 그가 남긴 여러 점의 〈생트빅투아르산〉 작품이 전시돼 있다. 길고 뾰족한 사이프러스 나무들 사이로 그림 속 풍경과 똑같은 생트 빅투아르산이 선명하게 보였다.

내친김에 생트 빅투아르산을 둘러보기로 작정했다. 그 산자락의 짧은 숲길이라도 직접 걸어보고 싶었다. 그곳으로 가는 길에 폴 세잔의 영원한 안식처가 된 생피에르 묘지Cimetière Saint-Pierre에 들렀다. 정문 옆의 관리인이 위치를 대충 알려주고 안내 표지판도 두어 개가 세워져 있지만, 묘지 안쪽의 깊숙한 곳에 자리한 폴 세잔의 묘를 찾기란 쉽지 않았다. 의외로 작고 소박한 세잔의 묘 앞에는 그의 〈생트 빅투아르

생피에르 묘지의 폴 세잔 묘. 날씨 쾌청한 날에는 여기서 생트 빅투아르산이 보인다.

생트 빅투아르산 가는 길에 만난 라벤더 꽃밭

산〉그림 패널이 세워져 있다. 관리인 말로는 이곳에서도 생트 빅투아르산이 보인다고 했지만, 뿌연 안개에 가려 희미한 형체조차 볼 수가 없었다.

생피에르 묘지에서 생트 빅투아르산 등산로 입구의 무료 주차장 Parking de Plan de l'En Chois 까지는 약 10km 거리다. 그 길의 일부 구간은 세잔 도로 Rte Cezanne 다. 이 길가의 넓은 밭에는 6월 말~7월 중순에 진한 향기와 함께 보랏빛 꽃을 활짝 피우는 라벤더가 줄지어 심어져 있었다. 주인 없는 밭에서 사진을 몇 컷 촬영한 뒤에 목적지로 향했다.

폴 세잔은 생전에 약 80점이나 되는 생트 빅투아르산 그림을 남겼다. 그에게는 단순한 산이 아니라 예술적 영감의 원천이었다. 거대한 바위로 뒤덮인 생트 빅투아르산의 정상(1,011m)은 천혜의 전망대다.

시야가 깨끗한 날에는 엑상프로방스 일대는 물론이고 지중해 바다와 알프스 설산이 한눈에 들어온다고 한다. 정상에는 1875년에 세워진 '프로방스 십자가Provence Cross'가 19m 높이로 우뚝 서 있다. 세잔이 종종 올랐던 화가의 언덕에서도 보일 만큼 큰 십자가다.

생트 빅투아르산을 오르는 길은 의외로 순한 편이었다. 자잘한 마사토가 깔려 있어서 자칫하면 미끄러지기 십상이지만, 산중턱의 올리브 숲까지는 산책하듯 가볍게 오를 수 있었다. 날씨도 쾌청하고 체력의 여유도 있었지만, 정상에 오르는 것은 다음 기회로 미루고 산을 내려왔다. 굳이 정상에 발을 딛지 않아도 생트 빅투아르산의 매력을 느끼기에는 충분했다.

산중턱의 올리브 숲에서 바라본 생트 빅투아르산 정상

생트 빅투아르 캠핑장(Camping Sainte Victoire)

바로 앞에 우뚝한 생트 빅투아르산 자락에서 산책이나 트레킹을 즐기기에 좋다. 엑상프로방스 중심가도 8~9km밖에 떨어져 있지 않을 정도로 접근성이 좋다. 텐트, 캠핑카 사이트는 물론이고 모바일홈, 롯지 등의 숙박시설도 이용할 수 있다. 젠 Zen 수영장을 비롯해 여러 편의시설이 두루 잘 갖춰져 있다. 캠핑장 이용료도 프로방스 지방의 평균 가격보다 저렴한 편이다.

생트 빅투아르 캠핑장의 리셉션 건물 뒤로 솟아오른 생트 빅투아르산

✤ 엑상프로방스 도심에 많은 주차장이 있어도 주차공간을 찾기는 쉽지 않다. 미라보 거리 일대의 도심을 둘러보려면 로통드 분수 근처의 주차장을 이용하는 것이 좋다. 옥내 주차장이어서 도난위험이 상대적으로 낮고 규모도 큰 파킹 로통드 Parking Rotonde 를 추천한다.

✤ 생트 빅투아르산의 트레킹 코스 출발지에는 Parking de Plan de l'En Chois(남쪽), Parking du Bouquet(남쪽), Parking Barrage de Bimont(북쪽) 등의 무료 주차장이 여러 방면의 출발지마다 설치돼 있다.

✤ 엑상프로방스의 별미로 첫손에 꼽히는 것은 칼리송 Calissons 이다. 프로방스 지방에서 생산된 아몬드와 설탕에 절인 멜론, 오렌지를 설탕과 섞어 만든 수제 디저트다. 미라보 거리 근처의 로이 르네 Roy René 가 최고의 칼리송 전문점으로 알려져 있다.

생트 빅투아르산 남쪽 기슭의
Plan de l'En Chois 주차장

로이 르네의 칼리송

아직도 온전한 고대 유적과
환상적인 해안 절경

이탈리아

Campani

07

캄파니아

폼페이에서 소렌토로 가는 SS145번 도로에서 바라본 베수비오산

Campania

이탈리아에서 로마보다 먼저 찬란한 문명을 꽃피운 것은 그리스의 도시 국가들이었다. B.C. 8세기경부터 이탈리아 남부와 시칠리아섬에 진출한 그리스인은 도시 국가인 폴리스polis를 세우고 그리스의 문학, 예술, 철학 등의 선진 문화를 전파했다. 그렇게 생겨난 그리스 식민지를 통틀어 '대大 그리스'라는 뜻의 라틴어 '마그나 그라이키아Magna Graecia'라 일컫는다. 오늘날 이탈리아의 20개 주 가운데에서 캄파니아Campania, 시칠리아Sicilia, 풀리아Puglia, 칼라브리아Calabria, 바실리카타Basilicata가 마그나 그라이키아에 속했던 주다.

고대 그리스의 유명한 학자나 철학자 중에는 마그나 그라이키아 출신이거나 그곳에서 활동했던 사람이 적지 않았다. '유레카Eureka'를 외친 아르키메데스는 시칠리아의 시라쿠사, 4원소론를 주장한 엠페도클레스는 시칠리아의 아크라가스(지금의 아그리젠토), '제논의 역설'로 유명한 제논은 캄파니아의 엘레아(지금의 벨리아) 출신이다. 피타고라스의 정리로 잘 알려진 수학자이자 철학자인 피타고라스는 그리스 사모스섬에서 태어났지만 이탈리아 칼라브리아의 크로톤(지금의 크로토네)에서 활동하다가 바실리카타의 메타폰툼(지금의 메타폰토)에서 세상을 떴다. 그래서 이탈리아 남부지방 여행은 고대 그리스 도시 국가들의 역사와 문화유산을 찾아가는 여정이기도 하다.

캄파니아주는 이탈리아 여행의 필수 경유지 중 하나다. 이름만 들어도 가슴 뛰는 나폴리, 폼페이, 베수비오 화산, 카프리섬, 아말피 해안 등이 모두 캄파니아주에 속한다. '캄파니아'라는 지명은 '비옥한 지방'을 뜻하는 라틴어 '캄파니아 펠릭스 Campania felix'에서 유래했다. 실제로 이 지역은 옛날부터 땅이 비옥하고 자연경관이 아름답기로 유명했다.

<u>아름답지 않은 '미항', 나폴리</u>

캄파니아의 중심 도시는 예나 지금이나 나폴리 Napoli 다. 오늘날의 나폴리는 로마, 밀라노에 이어 이탈리아에서 세 번째로 인구가 많은 도시이자 제2의 항구 도시다. B.C. 8세기에 피테쿠사 Pithecusae (지금의 이스키아 Ischia 섬)와 쿠마에 Cumae (지금의 쿠마 Cuma)에서 온 그리스인 정착민들이 파르테노페 Parthenope 라는 이름으로 처음 설립했다. 피초칼코네 Pizzocalcone (지금의 피초팔코네 Pizzofalcone) 언덕에 세워진 파르테노페는 초기에 번영하다가 점차 쇠퇴했다. B.C. 6세기에는 근처의 더 넓고 평평한 지역에서 '새로운 도시'라는 뜻의 네아폴리스 Neapolis 라는 이름으로 재건되었다. 지금의 나폴리라는 지명이 거기서 유래했다.

이탈리아 속담에는 나폴리가 얼마나 아름답고 매력적인 곳인지 극단적으로 표현한 말이 있다. "베디 나폴리 에 포이 무오리 Vedi Napoli e poi muori" '나폴리를 보고 죽어라'는 뜻이다. 이 말은 독일의 대문호 괴테가 《이탈리행 기행》에서 언급한 뒤로 더 유명해졌다. 나 역시 나폴리에 대한 찬사와 명성을 익히 아는 터라 부푼 가슴을 안고 나폴리에 들어섰다. 해안도로 근처의 주차 빌딩에 차를 세우고 느긋하게 걸어 다니며 시내를 둘러봤다.

호주의 시드니, 브라질의 리우데자네이루와 함께 세계 3대 미항 중 하나라는 나폴리의 바다부터 보고 싶었다. 하지만 나폴리의 첫인상은 기대 밖이었다. 때마침 날씨마저 받쳐주지 않았다. 하늘은 잔뜩 찌푸렸고 시야는 흐릿했다. 금세 빗방울이 뚝뚝 떨어질 듯했다. 하지만 날씨 탓이 아니더라도, 내가 처음 걸은 나폴리 거리는 너무 칙칙하고 지저분했다. 건물도 바다도 길가도 모두 미항과는 거리가 멀었다.

주차 빌딩에서 약 900m 거리의 델로보성 Castel dell'Ovo 입구에 도착했다. 이 성의 어딘가에 숨겨진 특별한 계란이 깨지면 나폴리가 바다에 잠긴다는 이야기가 전해와서 '계란성'으로도 부른다. 역사적으로는 476년에 서로마 제국 마지막 황제인 로물루스 아우구스툴루스가 유배된 곳이기도 하다. 그 뒤로는 수도원, 왕실 금고, 감옥 등으로 쓰이다가 몇 해 전까지는 다양한 문화 행사나 전시회가 열리는 장소로 활용됐다고 한다. 하지만 2022년 2월에 발생한 낙석 사고 이후로 무기한 폐쇄 상태다.

서로마 제국 마지막 황제의 유배지였던 델로보성

    델로보성 주변의 바닷가를 하릴없이 배회하다가 아쉬운 발걸음을 옮겼다. 17세기에 세워진 거인의 분수Fontana del Gigante 앞을 지나자 나폴리항 저편에 우뚝 솟은 베수비오산이 눈앞에 성큼 다가왔다. 약 2,000년 전에 거대한 불기둥과 화산재를 뿜어내 폼페이를 집어삼킨 화산답게 압도적인 위용이 느껴졌다. 델로보성 입구에서 900m 거리의 플레비시토 광장Piazza del Plebiscito 으로 가는 길에서는 19세기 후반에 이탈리아를 통치한 움베르토 1세 국왕과 로마 제국의 초대 황제인 아우구스투스 동상도 볼 수 있다. 둘 다 나폴리와 각별한 인연이 있는 통치자다.

    플레비시토 광장은 나폴리에서 가장 크고 이탈리아에서는 두 번째로 큰 광장이다. 레알레 궁전 Palazzo Reale 앞의 이 광장은 1809년에 나폴리의 왕이자 나폴레옹 보나파르트의 매제(여동생 카롤린의 남편)인 요아킴 뮈라가 조성 공사를 시작해 부르봉 왕조의 페르디난도 1세 때인 1815년에 완공했다. 광장 이름은 처음에 '왕궁 광장'이라는 뜻의 '라르고 디 팔라초 Largo di Palazzo', 또는 '포로 레지오 Foro Regio'라 부르다가 1860년 10월 21일에 실시한 플레비시토 plebiscite (국민투표)에서 나폴리 시민들이 나폴리 왕국과 북부 이탈리아의 통합을 압도적으로 찬성한 것을 기념해 플레비시토 광장으로 바뀌었다.

이탈리아에서 두 번째로 넓은 플레비시토 광장과 산 프란체스코 디 파올라 성당

플레비시토 광장의 양쪽에는 레알레 궁전과 산 프란체스코 디 파올라 성당Basilica di San Francesco di Paola이 마주보고 서 있다. 이 성당은 로마의 판테온과 바티칸의 성 베드로 대성당을 섞어놓은 듯한 건축물이다. 높이 53m의 원형 돔은 판테온에서 영감을 받은 것으로 알려졌고, 삼각형 페디먼트 아래에 6개의 이오니아식 기둥이 늘어선 정면은 성 베드로 대성당을 연상케 한다. 광장을 향해 두 팔 벌린 듯한 형태의 양쪽 회랑에는 코린트식 기둥이 각각 19개씩 늘어서 있어 훨씬 더 웅장하고 엄숙한 느낌을 준다.

성당 앞의 광장에는 부르봉 왕조의 나폴리 통치자인 카를로 3세와 그의 아들 페르디난도 1세의 기마상이 세워져 있다. 나폴레옹 왕조에 잠시 빼앗긴 나폴리의 통치권을 부르봉 왕조가 되찾은 것을 기리기 위해 1829년에 세워졌다고 한다. "나폴리는 우리 부르봉네 것이야!"라는 선언을 형상화한 셈이다.

플레비시토 광장의 동쪽에 자리한 레알레 궁전은 스페인 합스부르크 왕조의 통치를 받던 1600년에 건설공사를 시작해 1616년에 완공했다. 부왕副王(특정 지역을 통치하는 왕의 대리인)의 거주지로 지어진 건물이라 여느 왕궁에 비해 전체 규모는 작은 편이지만, 건물 길이는 무려 169m나 된다. 나폴리의 여러 통치자는 이곳을 수차례에 걸쳐 확장, 개조, 재건했다. 1858년에 현재 모습으로 완성된 레알레 궁전은 왕궁 박물관Museo del Palazzo Reale 과 국립 도서관National Library 으로 활용되고 있다. 내부에는 옛 궁전의 화려한 가구와 태피스트리, 도자기, 예술품 등이 전시돼 있다.

산 프란체스코 디 파올라 성당 입구에서 바라본 레알레 궁전과
카를로 3세, 페르디난도 1세의 기마상

움베르토 1세 갤러리아의 입구

　나폴리 왕궁을 지나 오른쪽으로 몇 걸음만 더 가면 유럽에서 가장 오래된 극장 중 하나인 산카를로 극장Teatro di San Carlo 앞에 도착한다. 1737년에 문을 연 이 극장은 네오클래식 양식의 외관과 붉은 벨벳으로 장식한 내부 인테리어가 그지없이 화려하다. 지금도 오페라, 심포니 콘서트, 실내악 등의 다양한 공연이 열린다. 극장 건너편에는 움베르토 1세 갤러리아Galleria Umberto I가 자리 잡았다. 1887년부터 1890년까지 나폴리 도시 재건 프로젝트의 일환으로 건설된 공공 쇼핑 갤러리다. 밀라노의 갤러리아를 벤치마킹했다는 이 아케이드에는 카페, 서점, 전문 스튜디오, 패션 아틀리에, 영화관 등이 몰려 있어 한 자리에서 쇼핑과 휴식을 즐기기에 좋다. 철과 유리로 만든 돔 지붕과 상가 자체가 매우 아름답고 독창적이어서 쇼핑 목적이 아니더라도 꼭 한번 들러볼 만하다.

산 카를로 극장 앞에서 300m쯤 떨어진 누오보성 Castel Nuovo 은 겉만 휙 둘러보고 안으로 들어가지는 않았다. 르네상스 양식의 걸작 건축물이라는 말도, 내부에 다양한 미술품이 전시돼 있다는 말에도 마음이 끌리지 않았다. 더이상 나폴리 시내를 돌아다니고 싶은 마음조차 사라졌다. 길지 않은 시간 동안 내가 본 나폴리는 무질서와 혼돈, 불결함으로 가득했다. 그래도 언제 다시 찾을지 모를 이 도시를 섣불리 떠나기에는 뭔가 아쉽고 허전했다. 마지막으로 산텔모성 Castel Sant'Elmo 만 둘러보기로 했다.

해발 250m의 보메로 언덕 Vomero Hill 에 올라앉은 산텔모성은 10세기에 '벨포르테 Belforte'라는 이름의 요새로 처음 구축됐다. 1537년에는 샤를 5세의 명을 받은 스페인 건축가 페드로 루이스 에스퀼라체가 오스만 제국의 공격을 방어할 요새로 만들기 위한 재건공사를 시작했다. 당시의 최신 기술이 총동원돼 현재와 같은 육각형 별 모양의 산텔모성이 재건되었다. 그때 모습을 변함없이 잘 간직한 산텔모성은 이제 더이상 군사 요새가 아니다. 나폴리와 캄파니아주의 예술과 문화를 알리는 박물관과 전시장으로 운영되고 있다.

산텔모성은 그 자체로도 볼 만하지만, 나폴리 최고의 전망대라는 점이 가장 큰 매력 포인트다. 바로 아래의 나폴리 역사지구와 항구는

산텔모성에서 바라본 나폴리항과 베수비오 조망. 맨 오른쪽에 델로보성. 한복판에 레알레 궁전
과 움베르토 1세 갤러리아가 보인다.

물론이고, 베수비오산과 카프리섬까지도 시원하게 조망된다. 이곳에
서 동서남북 사방의 거침 없는 조망을 두루 누리고서야 "아, 나폴리
가 미항일 수도 있겠구나"라는 생각이 들기 시작했다. 결국 산텔모성
의 탁월한 전망은 오래도록 내 발목을 붙들었고, 나폴리의 명소들 가
운데 가장 오랜 시간 동안 머물렀다.

순간에서 영원으로, **폼페이**

79년 8월 24일, 이탈리아 남부의 나폴리
만 바닷가에 우뚝 솟은 베수비오 화산이
엄청난 굉음과 함께 폭발했다. 18시간 남짓
계속된 폭발로 100억 톤가량의 화산재가
쏟아져 내렸다. 국제 무역항이자 귀족들의
휴양지로 크게 번영하던 폼페이는 순식간
에 5~7m 깊이의 화산재에 묻혀버렸다. 당
시 엄청난 양이 분출된 고열의 화산재와 유
독가스는 수많은 폼페이 시민의 목숨을 불
과 15분 만에 빼앗았을 것으로 추정된다.

베수비오 화산의 폭발을 직접 목격한 플
리니우스 1세는 "베수비오산 위에서는 커
다란 불기둥과 튀어 오르는 불길이 여러 지
점에서 타올랐고, 그 눈부신 빛은 밤의 어
둠에 의해 더욱 강조되었다"는 기록을 남
겼다. 베수비오 화산 폭발에 대한 가장 오
래된 기록이다. 당시 해군 함대 사령관이자
박물학자, 정치인이던 그는 폼페이 주민을
구조하려고 나섰다가 화산재에 질식해 숨
졌다고 한다.

폼페이의 중심 광장인 폼페이 포럼(Foro di Pompei). 폼페이 시민의 사회, 정치, 종교 활동 중심지로 아폴로 성역, 주피터 신전, 베스파시아누스 신전, 바실리카 등과 맞닿아 있다. 중앙 연단은 정치인이나 종교인이 연설하는 무대로 활용됐다. 왼쪽의 켄타우로스 동상은 폴란드 출신의 조각가 이고르 미토라이가 2017년에 제작한 작품이다. 광장 북쪽에는 구름이 반쯤 내려앉은 베수비오 화산이 또렷하게 보인다.

뜨거운 화산재에 매몰된 폼페이 시민의 주검은 오랜 세월이 흐르는 동안 흔적만 남긴 채 사라졌다. 텅 빈 공간으로 남은 사람들의 흔적 안에 석고를 붓고 굳혔더니 마지막 순간의 형상이 완벽하게 되살아났다. 엎드린 채 죽음을 맞은 임산부(왼쪽), 막 구워낸 빵(오른쪽) 등도 발견되었다.

폼페이는 매몰된 지 1,500여 년 만인 1592년에 우연히 발견되었다. 수로 공사를 하다가 유적 일부가 드러났지만, 이탈리아 어디서나 흔히 발견되는 고대 유적쯤으로만 여기고 별로 관심을 두지 않았다. 제대로 된 발굴 작업은 1748년에야 시작됐다. 처음에는 값비싼 고대 유물만 찾아나선 탐사팀이 발굴 작업에 앞장섰다. 거의 완벽하게 보존된 유물들을 수없이 발굴해 나폴리로 옮겼고, 일부 벽화는 벽에서 떼어 액자로 만들기도 했다. 그와 같은 성과에 힘입어 폼페이 유적에 대한 가치와 중요성이 인정되면서 본격적으로 시작된 발굴 작업은 지금까지도 계속되고 있다.

폼페이 유적은 오늘날까지 남아 있는 고대 도시의 유적들 가운데 가장 완벽하다. 로마 제국 당시의 건물, 도로, 광장, 공공 수도, 공중목욕탕, 원형 극장, 상점, 주택 등이 거의 원형 그대로 보존돼 있다. 귀족의 저택에는 화려하고 선명하게 채색된 벽화, 매우 정교하고 복잡한 모자이크 타일 등이 온전하게 남았다. 심지어 오븐에서 막 구워낸 빵, 느닷없는 화산 폭발로 죽음을 맞이한 폼페이 시민들의 마지막 순간까지도 완벽하게 되살아났다. 79년 8월 24일에서 멈춰버린 폼페이의 시간은 '순간에서 영원으로' 우리 앞에 나타났다.

폼페이의 전체적인 형상은 물고기 모양이다. 동쪽 끝에 자리한 원형 극장 Anfiteatro di Pompei이 물고기 눈에 해당한다. 약 3.2km의 성벽에 둘러싸인 폼페이 유적에는 7개의 성문이 있다. 그중에 포르타 마리나 Porta Marina, 피아차 에세드라 Piazza Esedra, 피아차 안피테아트로 Piazza Anfiteatro 3곳에 매표소와 출입구가 있다. 우리는 '바다 문'이라는 뜻의 포르타 마리나를 통해 폼페이 유적지에 입장했다. 개장시간(09:00)에 맞춰 매표소 앞에 도착했는데도, 이미 많은 사람으로 북적거렸다. 포르타 마리나를 통과하자마자 "각자 자유롭게 둘러보고 오후 1시에 만나자"고 일행과 약속한 뒤에 흩어졌다. 그 뒤로 약속시간은 몇 차례나 계속 뒤로 미뤄졌다. 결국 오후 4시가 다 되어서야 한자리에 다시 모일 수 있었다.

폼페이 유적은 생각했던 것보다 훨씬 더 크고 넓었다. 더욱이 사전 학습이 충분하지 않은 탓에 꼭 봐야 할 것과 지나쳐도 될 것을 구분하지 못했다. 물론 샅샅이 다 둘러보는 것이 최선이겠지만, 그건 물리적으로 불가능한 일이었다. 매표소에서 나눠 주는 유적지 지도와 구글맵를 번갈아 확인하면서 나만의 동선을 만드는 수밖에 없었다. 날

폼페이의 여러 성문 가운데 곧장 바다와 연결되는 포르타 마리나(Porta Marina)의 차도. 오른쪽의 이 길로는 마차가 다녔고, 사람은 왼쪽의 작은 문을 지나는 인도로 다녔다.

포르타 마리나 밖에 자리 잡은 테르메 수부르바네(Terme Suburbane). 고대 로마의 목욕탕은 대부분 공공 목욕탕이었지만 폼페이의 성문 밖에 있는 이 목욕탕은 사설 목욕탕이었다. 건물 내부의 외설적인 벽화로 봐서는 매춘업도 겸했던 곳인 듯하다.

씨가 너무 덥고 이동 거리도 길어서 시원한 그늘에 앉아 쉬고 싶은 마음이 굴뚝 같았지만, 마땅한 장소를 찾을 수가 없었다. 사실 그보다는 하나라도 더 봐야겠다는 욕심이 앞서 어디 차분히 앉아서 쉴 마음의 여유조차 생기지 않았다.

폼페이 유적은 눈에 보이는 모든 것이 아름다웠다. 그래서 더 슬퍼 보였다. 벽체만 남은 폐허에는 갖가지 꽃이 만발했다. 누군가의 집에서는 주인의 숨결과 손길이 생생하게 느껴졌다. 그들이 남긴 그림, 조각, 모자이크 타일, 그릇, 일상 도구 등도 그때 그 모습 그대로였다. 물질만 남고 사람은 사라져버린 폼페이 유적에는 처연한 아름다움이 가득했다.

개인 무덤, 가족묘, 공동묘지 등 다양한 크기와 형태의 무덤이 양쪽 길가에 늘어선 네크로폴리 디 포르타 노체라(Necropoli di Porta Nocera). 무덤의 형태, 부장품, 벽화 등을 통해 당시 폼페이 시민의 죽음에 대한 의식과 종교적 신념, 그리고 사회 계급을 유추해볼 수 있다. 대체로 탑형 무덤은 부자, 지하 무덤은 서민이 묻힌 것으로 보인다.

폼페이 폐허에 핀 들꽃

마차 바퀴에 패인 홈까지도 선명하게 남은 폼페이의 포장도로. 사람들이 편하게 건널 수 있도록 놓은 디딤돌과 도로 한쪽에 설치된 공공 수도가 인상적이다.

폼페이의 대규모 공공 목욕탕 중 하나인 테르메 델 포로(Terme del Foro). 드넓은 내부는 다양하고 세밀한 조각상이 장식돼 있다. 채광창이 설치된 돔형 천장에는 물방울이 자연스럽게 흘러 내리도록 일정한 간격으로 홈을 만들었다. 로마의 공공 목욕탕은 단순히 몸을 씻는 공간이 아니라 사회적 교류, 문화와 정치 활동의 장이기도 했다.

음악회, 연극, 낭송회 등의 공연이 주로 열렸던 소극장(Teatro Piccolo). 바로 옆의 대극장(Teatro Grande)에 비해 규모가 훨씬 작아서 더 친근하고 아늑한 분위기가 느껴진다.

대극장 바로 앞쪽의 콰드리포르티코 데이 테아트리(Quadriportico dei Teatri). '극장들의 네 개 회랑'이라는 뜻의 이름에서 짐작되듯이, 두 극장을 찾은 관객이 만나거나 휴식하는 장소였다. 사람이 몰리는 장소여서 자연스레 식당과 상점이 늘어선 상가도 형성됐다.

산투아리오 디 아폴로(Santuario di Apollo, 아폴론 성역)의 코린트식 기둥과 아폴로 청동상. 로마 시대에 제작된 이 청동상은 예술, 음악, 시 등을 관장하는 아폴로가 활 쏘는 모습을 묘사한 작품이다. 진품은 나폴리 고고학 박물관에 소장돼 있다.

지중해의 대표적인 국제 무역항으로 번영을 누리던 폼페이에는 매춘 업소인 루파나레(Lupanare)가 여럿 있었다. 그곳을 안내하는 남성 성기 모양의 표시가 도로 바닥돌에 새겨지거나 길가에 세워졌을 정도로 매춘업이 번창했다.

'껍질 속의 비너스 집(Casa della Venere in Conchiglia)'에 그려진 비너스와 큐피드 벽화. 폼페이 유적의 귀족 저택에는 헤아릴 수 없이 많은 벽화가 남아 있다. 회반죽이 마르기 전에 물감을 칠하는 프레스코 기법으로 그려진 데다가 폼페이를 뒤덮은 화산재로 습기가 차단된 덕택에 보존 상태가 아주 좋다.

지금도 루파나레는 폼페이 유적지에서 가장 많은 사람이 몰려 늘 장사진을 이룬다.

폼페이 유적에서 가장 화려하고 잘 보존된 프레스코 벽화를 감상할 수 있는 신비의 별장(Villa dei Misteri). 인물의 표정과 동작, 의상 등이 매우 정교하고 화려하게 묘사된 벽화가 집 전체의 벽에 가득하다. 벽화의 다채로운 색상 중에서 특히 '폼페이 레드(Pompei red)'가 인상적이다. 화산 폭발 당시 뜨거운 화산재와 건물 내부의 유기물이 고온, 고압 상태에서 반응하며 생성된 폼페이 레드는 붉은색 이외에도 검붉은색, 갈색 등 다양한 색조를 띤다. 이곳 벽화는 내용이 명확하게 밝혀지지 않아서 신비로움을 배가시킨다.

라틴어로 '늑대 굴'이라는 뜻을 지닌 루파나레는 세금을 내고 합법적으로 운영되던 매춘 업소였다. 노예, 자유민 가릴 것 없이 다양한 계층의 여성이 매춘업에 종사했다. 5개의 작은 방이 있는 루파나레 내부에는 적나라하게 성행위를 묘사한 프레스코 벽화가 여러 점 남아 있다.

파퀴오 플로쿨로의 집(Casa di Paquio Proculo) 현관에 장식된 모자이크 타일. 목줄에 묶여 앉아 있는 개와 다양한 기하학 무늬를 작은 타일로 정교하게 표현했다.

베투티우스 플라키두스의 집과 테르모폴리움(Casa e Thermopolium di Vetutius Placidus). 이 곳은 주거공간과 식료품점, 간이식당(선술집) 등이 한 건물에 자리한 복합공간이었다. 고대 로마의 간이식당인 테르모폴리움에서는 음식과 음료를 판매했다. 대형 테이블에 설치된 둥근 구멍은 음식을 데우거나 음료를 담아두는 용도로 사용됐다.

폼페이를 묻어버린 '폼페이의 수호자', 베수비오

베수비오Vesuvio 화산은 용암, 화산재, 부석 등이 여러 층 쌓여 형성된 원뿔 모양의 성층 화산이다. 대략 20만 년 전부터 활동을 시작한 젊은 화산에 속하지만, 현재와 같은 형태는 약 2만 5천 년 전부터 만들어졌다고 한다. 정상의 높이는 해발 1,281m로 생각보다 높은 편은 아니다. 하지만 해안 가까이에 있어서 실제보다 훨씬 더 높아 보인다. 전체적인 형태와 느낌이 바다에서 바라보는 제주도 한라산과 아주 비슷하다.

베수비오는 79년 8월 24일에 폼페이와 그 주변의 헤르쿨라네움 Herculaneum, 오플론티스 Oplontis 등을 순식간에 매몰시킨 대폭발 이전 까지는 얌전한 화산이었다. 약 1,000년 동안이나 이렇다 할 만한 폭발 을 일으킨 적이 없었다. 묵묵히 폼페이를 굽어보는 이 산은 폼페이 시 민에게 '도시의 수호자'로 여겨지기까지 했다. 그렇게 믿고 의지하던 수호자가 하루아침에 도시 전체를 멸망시킨 파괴자로 갑자기 변신한 것이다.

지금도 베수비오는 평온하고 듬직해 보일 뿐이다. 먼발치에서 바라 보고만 있어도 마음이 든든하다. 폼페이 유적을 둘러보는 동안에도 반쯤 구름 속에 감춰진 베수비오는 줄곧 시야에서 사라지지 않았다. '어서 오라'며 손짓하는 듯한 그곳에 당장 오르고 싶어 안달이 날 지 경이었다. 이튿날 서둘러 아침식사를 마치고 베수비오로 향했다. 산 중턱 셔틀버스 승강장 근처의 노상 주차장 Parcheggio Vesuvio에 차를 세워 진 뒤 셔틀버스를 타고 베수비오 국립공원 방문자 센터 Vesuvius National Park Visitor Center 앞에 도착했다. 거기서 곧바로 입장권을 구매해 들어가 면 되는 줄 알았다. 그 예상은 보기 좋게 빗나갔다. 현장에서는 입장 권을 판매하지 않기 때문에 미리 예매한 사람만 들어갈 수 있단다. 지 금이라도 주차장 앞의 안내판에 그려진 QR코드로 예매 사이트에 접 속해서 예약해야 한다는 것이다. 하지만 오만 가지 사정으로 해당 사 이트에는 접속조차 어려웠다. 결국 입장권을 예매하지 못해 폼페이로 되돌아올 수밖에 없었다. 도착한 즉시 폼페이역 근처의 한 여행사에서 당일 투어 프로그램부터 신청했다.

점심식사를 한 뒤에 캠핑장에서 잠시 쉬었다가 투어 버스를 타고 다시 베수비오로 향했다. 아침에 들렀던 방문자 센터 앞에 하차했다. 우리가 다시 타고 돌아갈 버스는 1시간 30분 뒤에 출발할 것이라는 말을 들으니 마음이 조급해졌다. 완만한 경사로를 쉬지 않고 걸어서 정확히 20분 만에 첫 번째 기념품점 앞을 지났다. 이 가게 앞에서 30m쯤만 더 가면 첫 번째 전망 포인트에 도착한다.

최대 직경 약 600m, 깊이 250m의 베수비오 화산 분화구가 한눈에 들어온다. 거대 괴물이 하늘을 향해 커다란 아가리를 벌린 듯하다. 1944년에 마지막으로 분출했다는 이곳 화구벽의 경사는 거의 수직이나 다름없다. 활화산 특유의 조짐이나 특징은 두드러져 보이지 않는다. 두 번째 기념품점과 세 번째 기념품점 사이의 화구벽에서 쉼 없

1944년의 마지막 분화 흔적이 또렷한 베수비오산 동쪽의 진입로에서 바라본 나폴리 해안

첫 번째 조망 포인트에서 바라본 베수비오 정상의 분화구

이탈리아

이 뿜어져 나오는 수증기와 약간의 유황 냄새만이 살아 있는 화산이라는 사실을 말해준다.

베수비오 정상에는 분화구 주변을 한 바퀴 도는 탐방로 Sentiero del Gran Cono 가 개설돼 있다. 하지만 1시간 30분의 빠듯한 투어시간 내에는 약 2km의 이 탐방로를 다 돌아보기가 어려웠다. 더욱이 위험 구간도 있어서 첫 번째 기념품점에서 730m쯤 떨어진 마지막 기념품점까지만 갔다가 되돌아와야 했다.

마지막 기념품점으로 향하는 길에서는 저 아래에 폼페이 유적이 또렷하게 보였다. 오락가락하는 구름 사이

베수비오 정상의 분화구 주변을 한 바퀴 도는 탐방로

로 언뜻언뜻 보이는 그곳과 베수비오 사이에는 수많은 주택과 건물이 들어서 있다. 상상만으로도 끔찍한 일이지만, 79년 8월과 같은 대폭발이 일어난다면 또다시 엄청난 인명 피해가 발생할 수도 있겠다는 생각에 등골이 오싹해졌다.

죽기 전에 꼭 가봐야 할 여행지 1위, 아말피 해안

폼페이 유적지에서 소렌토로 가는 길에 이용하는 SS145번 도로의 구간 거리는 26km쯤 된다. 그중 절반가량은 눈부시게 푸른 바다를 옆구리에 끼고 달린다. 눈앞에 펼쳐진 바다와 마을의 풍경이 마치 딴 세상처럼 아름답다. 활처럼 휘어진 바닷가 저편에는 전날 오른 베수비오가 우뚝하다. 이 해안도로에서는 빨리 달릴 수 없다. 편도 1차선의 비좁은 도로가 해안선을 따라 끊임없이 구불거린다.

사실 이 구간의 해안도로는 빨리 달리는 길이 아니다. 느긋하게 풍경을 감상하는 길이다. 길 전체가 바다 전망대나 다름없다. 주차공간만 나타나면 차를 멈춰 세우고 바다와 마을, 포구 등의 풍경을 두 눈에 쓸어 담기에 바쁘다. 특히 소렌토 초입 해안도로변의 '미켈레의 셔벗 가게 Sorbetteria da Michele' 전망 포인트에서 바라보는 풍광이 압권이다. 발 아래의 메타Meta, 가운데에 낀 산탄젤로 나폴리 Sant'Agnello, Napoli, 그리고 맨 뒤의 소렌토와 그 앞바다의 카프리섬까지 시원스레 조망된다. 다양한 파랑으로 그러데이션된 바다의 풍광이 그야말로 환상적

'미켈레의 셔벗 가게'에서 바라본 풍경. 하나의 도시처럼 보이지만 사실은 메타, 산탄젤로 나폴리, 소렌토가 순서대로 자리 잡았다.

프라이아노 마을과 포지타노 일대의 아름다운 풍광

프라이아노 마을의 좁은 해안절벽 사이에 형성된 마리나 디 프라야
(Marina di Praia) 해변

이다. 너무나 아름답고 감동적인 그 풍경은 소렌토에 들러야 할 이유
조차 잊게 만들었다.

　소렌토는 포지타노 Positano, 프라이아노 Praiano, 아말피 Amalfi, 라벨로
Ravello 등을 거쳐 살레르노 Salerno 까지 50km가량 이어지는 아말피 해
안도로의 북쪽 출발지다. 이 길은 이탈리아뿐만 아니라 세계적으로
도 유명한 해안 드라이브 코스다. 깎아지른 절벽과 층층이 자리한 포
도밭, 에메랄드빛 바다와 아담한 해변, 파스텔톤의 알록달록한 건물
과 독특한 모양의 성당 등이 절묘하게 어우러진 풍경을 줄곧 바라보

며 달린다. 1999년에는 〈내셔널 지오그래픽〉에서 '죽기 전에 가봐야 할 50곳' 중 1위로 선정되기도 했다. 또한 아말피 해안Costiera Amalfitana 은 1997년에 유네스코 세계문화유산으로도 등재됐다.

아말피 해안도로가 다 좋은 것만은 아니었다. 도로는 좁고 마을들은 작은 반면, 관광객은 너무 많았다. 가는 데마다 북새통을 이루었다. 아무리 좋은 풍경이 눈앞에 펼쳐져도 잠시 차를 세울 만한 공간조차 찾기가 어려웠다. 때마침 여름 성수기가 시작되어서인지는 몰라도 포지타노, 아말피 등의 유명한 바닷가 마을은 더 번잡했다.《셀프 트래블 이탈리아》의 저자이자 후배인 송윤경 여행작가가 꼭 한번쯤 가봐야 할 곳으로 강력 추천한 라벨로만 둘러본 뒤에 아말피 해안을 벗

아말피 해안도로변의 프라이빗 비치

어나기로 했다.

'음악과 예술의 도시'라 부르는 라벨로는 아득히 높은 해안절벽 위에 자리 잡았다. 어디서나 바다가 시원하게 내려다보이는 곳이지만, 해안도로와 맞닿아 있지는 않다. 헤어핀 같은 급커브 길을 5km 남짓 올라가서야 라벨로 대성당 근처의 주차장에 도착했다. 마을 내부의 도로가 매우 비좁고 복잡해 차를 타고는 돌아다니기가 어려울 듯했다.

라벨로 마을에서 꼭 둘러봐야 할 곳으로는 빌라 루폴로 Villa Rufolo 가 첫손에 꼽힌다. 마을 한복판의 대성당 옆에 자리한 이 정원은 13세기에 루폴로 가문의 별장으로 처음 지어졌다. 아름다운 지중해 풍경을 한껏 끌어안은 정원에는 여러 종류의 꽃과 나무, 조각상 등이 가

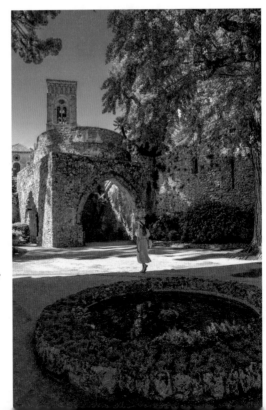

빌라 루폴로 안에
특이하게 지어진 '기사의 홀'

지중해 풍광을 한껏 끌어안은 빌라 루폴로의 벨베데레 정원

득하다. 아랍, 노르만, 고딕 등의 다양한 양식으로 지어진 건물들이
잘 가꾼 정원과 조화를 이루며 독특한 분위기를 자아낸다. 특히 해발
340m의 해안절벽 위에 자리한 이 정원에서 바라보는 아말피 해안과
지중해 조망이 인상 깊었다.

빌라 루폴로의 빼어난 풍광과 서정 넘치는 분위기는 수많은 예술가
의 미감과 영감을 한껏 끌어올렸다. 독일의 작곡가 리하르트 바그너,
이탈리아의 작곡가 주세페 베르디, 영국의 작가 버지니아 울프와 D. H.
로런스, 스웨덴의 영화배우 잉그리드 버그만과 그레타 가르보 등을 비
롯한 여러 예술가가 이곳에 머무르며 주옥같은 작품을 남겼다고 한다.

라벨로까지 둘러보고 나니 어느새 해가 설핏 기울기 시작했다.

'신들의 길 Path of the Gods' 트레킹에 홀로 나선 선배와의 약속시간도 얼마 남지 않아서 서둘러 아제로라Agerola 마을로 달려갔다. 발 빠른 선배는 이미 약속장소에 도착해 우리를 기다리고 있었다. 그날의 최종 목적지인 파에스툼 해변을 향해 다시 2시간 가까이를 더 달렸다.

그리스보다 더 완벽한 그리스 유적, **파에스툼**

아말피 해안도로가 끝나는 살레르노에서 티레니아해Tyrrhenian Sea 를 오른쪽에 두고 40km쯤 달리면 파에스툼Paestum에 다다른다. 이 고대 도시는 B.C. 600년경 마그나 그라이키아의 항구 도시 중 하나인 쉬바리스Sybaris(지금의 시바리Sibari) 출신의 그리스인들이 설립했다. 바다의 신 포세이돈을 기리기 위해 세웠기 때문에 처음에는 포세이도니아Poseidonia로 불렀다. 그 뒤로 200여 년 동안 평화와 번영을 누리다가 B.C. 400년경 이탈리아 남부의 산악 지역에 살던 루카니인Lucanians들에게 정복되면서 파이스토스Paistos로 개명됐다.

파이스토스는 B.C. 273년에 로마에 정복됨으로써 지명도 파에스툼으로 바뀌었다. 로마에 복속된 뒤에도 무역과 상업이 활발하고 농업 생산력도 높아서 오랫동안 전성기를 구가했다. 하지만 9세기경에 말라리아가 창궐하고 해적들의 습격이 빈번해지면서 쇠락하기 시작했다. 결국 사람들이 하나둘씩 떠나는 바람에 12세기경부터는 폐허로 변했다. 수백 년 동안 땅에 묻혀 있던 파에스툼은 1746년 이탈리

파에스툼의 그리스 신전들 가운데 가장 오래된 헤라 1 신전. 기둥 사이로 헤라 2 신전이 보인다.

아의 건축가이자 고고학자인 조반니 바티스타 피라네시에 의해 세상에 알려지게 되었다. 그는 파에스툼의 유적을 꼼꼼히 기록하고 그림으로 남기기도 했다.

파에스툼은 길이 4,750m, 두께 5~7m, 높이 15m가량의 성벽에 둘러싸여 있다. 현재까지 발굴된 유적의 면적은 전체 120ha의 약 20%밖에 안 된다. 파에스툼 고고학 공원 Archaeological Park of Paestum 으로 부르는 이 유적지에서 가장 눈길을 끄는 것은 그리스 본토의 그리스 신전들보다 원형이 더 잘 보존된 세 개의 신전이다. 그중 가장 오래된 것은 B.C. 550년경에 지어진 헤라 1 신전 Hera I Temple 이다. 그리스 신화에서 헤라 Hera (로마 신화의 주노 Juno)는 신들의 왕인 제우스 Zeus (로마 신화의 주피터 Jupiter)의 아내이자 여신들의 여왕으로 그려져 있다. 결혼과 가정, 출산을 관장하는 여신이기도 하다.

18세기에 파에스툼 발굴 작업을 맡았던 고고학자들은 헤라 1 신전을 고대 로마의 법정이나 공공 회의장 등으로 활용되던 바실리카로 판단했으나 이후에 헤라를 섬기는 신전으로 밝혀졌다. 이 신전은 짧고 굵은 기둥, 삼각형 페디먼트, 간단한 장식 등이 특징인 도리아 양식의 전형을 보여준다. 신전 앞에는 제물을 바치는 종교의식을 거행했을 것으로 보이는 야외 제단도 설치돼 있다.

40여m의 거리를 두고 헤라 1 신전과 나란히 서 있는 헤라 2 신전 Hera II Temple은 파에스툼의 세 신전 가운데 가장 크고 보존 상태도 좋다. B.C. 460년에서 B.C. 450년 무렵에 지어진 이 신전도 한때는 포세이돈 신전으로 잘못 알려졌다. 같은 도리아 양식의 헤라 1 신전에 비해서는 기둥이 더 길고 날씬해졌다. 이 신전 앞에도 크기가 다른 제단 2개가 설치돼 있다.

파에스툼의 세 신전 가운데 가장 작은 아테나 신전 Temple of Athena은 B.C. 500년경에 건축됐다. 전쟁의 여신인 아테나는 그리스 아테네의 수호 여신이기도 하다. 이 신전은 외부 기둥을 도리아 양식, 내부 기둥을 이오니아 양식으로 만든 점이 특이하다. 바닥에 3기의 중세 기독교식 묘가 있는 것으로 봐서는 중세시대에 교회당으로 사용한 듯하다. 그 밖에도 포럼 Forum, 포장도로, 체육관 Gymnasium, 히로온 Heroon, 원형 극장 Amphitheatre of Paestum 등이 파에스툼 유적에 남아 있다.

그리스 아고라를 계승한 파에스툼의 포럼은 도시의 중심 광장이다. 하지만 다른 고대 도시에 비해 규모가 작고 보존 상태도 좋지 않은 편이다. 포럼 동쪽에는 '비아 사크라 Via Sacra'라 부르는 포장도로가

파에스툼의 세 신전 가운데 가장 작은 아테나 신전

옛 모습 그대로 남아 있다. 그리스인이 건설한 이 도로는 아테나 신전과 헤라 1 신전 사이의 파에스툼 중심부를 가로지른다.

비아 사크라 바로 옆에는 체육관과 히로온이 자리 잡았다. 체육관 자리에는 길이 47m, 너비 21m가량 되는 로마 시대의 수영장 구조물도 남아 있다. 매년 봄에 열리던 베네레아 축제 때 파에스툼의 여성들이 여신상을 깨끗이 씻고, 자신들도 정갈하게 목욕한 뒤에 비너스 여신에게 기도드리던 곳이라고 한다. 다른 한편으로 곡물 창고라는 설도 있다.

히로온은 고대 그리스에서 영웅이나 중요 인물을 기리기 위해 무덤 형태로 조성된 기념물이다. 주검을 안치하는 일반 무덤과는 달리, 기리고자 하는 인물의 영혼이 머무는 성소聖所로 꾸며졌다. 이곳의 히

파에스툼의 중심 도로인 비아 사크라

파에스툼의 설립자를 기리는 히로온   총 길이가 4,750m인 파에스툼 성벽의 일부

로온도 누군지 모르는 이 폴리스 설립자의 업적을 기리기 위해 조성
됐다고 한다. 겉모습만 보면 낮은 지붕이 올려진 반지하 건물처럼 생
겼다.

    파에스툼 고고학 공원을 찾은 김에 파에스툼 고고학 발물관Archaeo
logical Museum of Paestum도 지나칠 수는 없다. 이 일대에서 발굴된 도자기,
보석 세공품, 생활용품, 조각상, 벽화 등의 다채로운 유물이 전시돼 있
다. 가장 눈길을 끄는 것으로는 '잠수부의 무덤Tomb of the Diver'에서 발
견된 프레스코화다. 파에스툼 인근의 한 석관묘 덮개에 그려진 이 그
림은 바다 속으로 뛰어드는 잠수부의 모습을 매우 사실적이고 역동

'잠수부의 무덤' 덮개에 그려진 프레스코화

파에스툼의 어느 남자 무덤에 그려진 프레스코화

적으로 표현한 걸작이다. 여러 신전에서 발굴된 조각상들도 인상적이다. 인간의 아름다운 신체를 자연스럽고 비례에 맞게 표현한 그리스 조각상의 특징을 오롯이 보여준다.

엘레아학파의 본거지, 벨리아

파에스툼 고고학 공원에서 남쪽으로 40여 km 거리에는 벨리아 고고학 공원Parco Archeologico di Velia이 있다. 고대 그리스 폴리스 중 하나인 엘레아Elea 가 자리 잡았던 곳이다. 이 폴리스는 B.C. 538~535년에 포카이아Phocaea (지금의 튀르키예 이즈미르주 포차Foça)에서 온 그리스인들이 히엘레 Hyele 라는 이름으로 처음 세워졌다. B.C. 273년에는 로마와 동맹을 맺었고, B.C. 88년에 로마의 일부로 편입돼 '벨리아Velia'로 이름이 바뀌었다. 로마 제국이 멸망한 뒤에는 비잔틴 제국의 영향 아래 놓였다가 노르만족의 침략을 받은 11세기부터는 쇠퇴하기 시작했다. 결국 12세기에 사라센 제국의 공격으로 멸망했다.

엘레아는 규모가 작은 폴리스였지만, B.C. 5세기와 B.C. 4세기 사이에는 활발한 무역을 통해 경제, 문화적으로 번영을 누렸다. 특히 고대 그리스 철학의 중요한 학파 중 하나인 엘레아학파Eleatic school 의 본거지였을 정도로 철학이 발달했다. 이 학파는 변화하지 않는 존재에 대한 탐구를 통해서 철학의 새로운 지평을 열었다는 평가를 받는다. 대표적인 철학자로는 이른바 '제논의 역설 Zeno's paradoxes '로 유명한 제논

그리스 아치형 성문 가운데 가장 오래되고 보존 상태도 좋은 로사의 문

Zeno, B.C. 490?~B.C. 430?을 꼽을 수 있다.

현재 벨리아에는 건물 잔해, 성벽, 로사의 문Porta Rosa
을 비롯한 일부 성문, 고대 극장, 공중목욕탕, 도로, 아크
로폴리스 등이 남아 있다. 1~2시간에 다 둘러볼 수 있을
만큼 규모가 작은 벨리아 유적 가운데 가장 유명한 것은
북쪽 성벽에 있는 로사의 문이다. 사암 벽돌로 지어진 이
아치형 문은 2,000년도 훨씬 더 된 건축물이라고는 믿기
지 않을 정도로 원형이 잘 보존돼 있다. 현존하는 그리스
식 아치형 문 가운데 가장 오래되고 완벽하다.

벨리아 고고학 공원에 들어서기 전부터 눈에 들어오
는 것은 아크로폴리스에 우뚝 서 있는 벨리아탑Torre di
Velia이다. 원통 모양의 이 탑은 높이가 30m나 된다. 더욱

고대 그리스의 아크로폴리스 위에 세워진 벨리아탑과 팔라티나 예배당

이 주변 마을과 바다, 들녘이 시원스레 내려다보이는 언덕 위에 있어서 어디서나 쉽게 눈에 띈다. 고대 그리스 유적 위에 자리 잡은 이 탑은 13세기 말에 나폴리 왕국의 해안 방어 시설로 세워졌다고 한다. 그 맞은편에 있는 팔라티나 예배당Cappella Palatina도 중세시대에 처음 지어졌다. 지금은 고대 그리스, 로마 시대의 유적을 보존하는 장소로 쓰인다.

벨리아 고고학 공원은 사람들의 발길이 뜸해서 적막감마저 느껴진다. 두어 시간쯤 머무는 내내 마주친 사람이 손가락에 꼽을 만큼 적었다. 덕분에 고즈넉한 정취를 오롯이 즐길 수 있었다. 사실 폐허만 남은 유적 자체보다도 아름드리 올리브나무 아래에 앉아 망연히 바라보는 풍광과 짧은 여유가 오래도록 기억될 감동으로 남았다.

벨리아 유적의 커다란 올리브나무 아래 앉아서 바다를 응시하는 여행자들

제우스 캠핑장(Camping Zeus)

폼페이 유적에서 가장 가까운 기차역 _{Pizzeria Napoli In Bocca} , 가장 많은 사람이 이용하는 매표소 _{Porta Marina} 와 150m 거리에 있는 캠핑장이다. 대형 주차장을 함께 운영하고 있어서 입구는 늘 붐비지만, 주차장 안쪽의 캠핑장은 의외로 번잡하지 않다. 폼페이 유적뿐만 아니라 베수비오, 나폴리 등으로 들고 나는 도로가 가까워서 우리는 이곳에서 3박 4일 동안 머물렀다. 오렌지 과수원인가 싶을 정도로 오렌지 나무가 많다는 점도 맘에 들었다.

제우스 캠핑장의 텐트 사이트와 오렌지 나무

드림 캠핑장(Camping Dream)

파에스툼 고고학 공원에서 직선으로 1.5km가량 떨어진 바닷가에 있다. 넓고 울창한 솔숲에 롯지형 숙소가 즐비하고, 바닷가 잔디밭에는 텐트 사이트가 조성돼 있다. 파도 소리가 들리고 해넘이 광경도 지켜볼 수 있지만, 바람에 거센 날에는 적잖이 고생스러울 듯하다. 캠핑장 내에는 레스토랑과 매점도 갖춰져 있지만, 캠핑장 편의시설(급수대, 샤워장, 화장실)의 관리 상태와 시설 수준은 다소 아쉽다.

파에스툼 주차장 근처의 에올로 캠핑카 주차장Area Sosta Camper-'EOLO'-Paestum에서도 3월 1일~10월 31일에 저렴하게 캠핑할 수 있다.

파에스툼 해변에 자리한 드림 캠핑장의 해질녘 풍경

⚜ 나폴리는 마르게리타 피자로 시작된 피자의 발상지로 알려져 있다. Pizzeria Brandi(마르게리타 피자의 발상지로 유명), Pizzeria Starita a Materdei(현지인들이 즐

Pizzeria Napoli In Bocca의 나폴리 전통 피자 3종 세트. 이 3판 가격이 2만 5천 원쯤 한다.

겨 찾는 유서 깊은 피자집), Pizzeria Napoli In Bocca(움베르토 1세 갤러리아 입구 옆에 있는 가성비 피자 맛집) 등에서 나폴리 전통 피자를 맛볼 수 있다.

⚜ 폼페이 유적의 입장권은 폼페이 익스프레스(폼페이 유적만 줄을 서지 않고 곧바로 입장), 폼페이 플러스(폼페이 유적+신비의 별장, 빌라 디오메데스, 빌라 레지나+무료 셔틀버스), 3일 이용권(폼페이 플러스+오플론티스, 아리아나 별장, 빌라 산마르코+무료 셔틀버스) 등이 있다. 성수기에는 폼페이 유적 사이트(https://pompeiisites.org)에서 예매하는 것이 편리하다.

⚜ 폼페이 유적 내에는 샌드위치, 음료 등을 파는 카페 Chora Pompei Cafè 가 있지만 점심 전후에는 대기줄이 대단히 길게 형성된다. 간단히 먹을 만한 빵이나 샌드위치, 음료, 간식 등을 미리 챙겨가는 것이 좋다.

⚜ 베수비오 정상에 오르기 위해서는 입장권을 인터넷 사이트(https://

vesuviopark.vivaticket.it/en)에서 예매해야 한다. 현장 발권은 안 되고, 예약된 입장 시간에만 들어갈 수 있다.

소렌토식 파스타인 뇨키 알라 소렌티나

✤ 소렌토는 '뇨키 알라 소렌티나 Gnocchi alla Sorrentina'라는 파스타 요리의 본고장이다. 부드러운 감자 뇨키에 토마토소스, 모차렐라 치즈, 가지 등이 어우러져서 깊은 풍미가 느껴진다. 소렌토의 Trattoria dei Mori, Ristorante Bagni Delfino 등이 뇨키 알라 소렌티나를 비롯한 파스타 요리가 맛있는 레스토랑으로 유명하다.

✤ 소렌토와 나폴리에서는 카프리섬을 오가는 여객선이 수시로 출발

포지타노 마을의 선착장과 여객선

한다. 소렌토에서는 30분, 나폴리에서 45~60분 소요된다. 요금은 두 곳 모두 편도 20~25유로.

✤ 아말피 해안의 포지타노, 아말피 등은 주차공간이 매우 부족해서 주차료도 비싸다. 아말피의 평균 주차요금은 시간당 3~4유로로, 포지타노는 무려 10유로를 받는 곳도 있다. 가급적이면 버스나 여객선 같은 대중교통을 이용하는 것이 좋다.

✤ 나폴리, 살레르노 등에서는 아말피 해안의 포지타노, 아말피 등을 오가는 여객선이 운항한다. 버스와 여객선을 번갈아 이용하면 아말피 해안의 멋진 풍광을 다채롭게 감상할 수 있다.

✤ 라벨로의 코스모레나 아트바 Cosmolena Art Bar는 감자튀김이 맛있는 집이다. 점심식사로 주문한 샌드위치와 함께 나온 감자튀김이 그야말로 '인생 감튀'였다.

코스모레나 아트바의
샌드위치와 '인생 감튀'

✤ 아말피 해안에는 신들의 길, 철의 계곡 Valle delle Ferriere, 6km, 레몬 길 Sentiero dei Limoni, 3.5km, 요새의 길 Path of the Forts, 7km 등의 트레킹 코스가 개설돼 있다. 그중 아제롤라 Agerola 의 보메라노 Bomerano 마을과 포지타노 Positano 근처 노셀레 Nocelle 마을 사이의 6.5km에 이르는 산중턱을 가로지르는 신의 길이 압권이다. 빠르면 2~3시간, 주변 풍광을 감상하며 느긋하게 걸어도 4~5시간에 완주할 수 있다. 상대적으로 오르막 구간이 적은 아제롤라에서 노셀 방향으로 걷는 것이 그 반대 방향보다 수월하다.

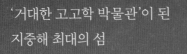

'거대한 고고학 박물관'이 된
지중해 최대의 섬

이탈리아

08

시칠리아

아그리젠토의 콘코르디아 신전과 이카루스 청동상

Sicillia

　일찍이 1787년 봄에 시칠리아를 여행한 독일의 대
문호 괴테는 "시칠리아를 보지 않고서는 이탈리아를 봤다고 말할 수
없다. 시칠리아는 모든 것의 열쇠다"라는 말을 그 유명한 《이탈리아
기행》에 남겼다. 시칠리아섬은 이탈리아뿐만 아니라 지중해에서 가
장 큰 섬이다. 전체 면적이 제주도(1,850km²)의 14배, 서울(605km²)의
42배에 이르는 25,711km²나 된다. 지중해 한복판에 자리 잡았다는
지정학적 이점 때문에 까마득한 옛날부터 다양한 국가와 민족, 종교
와 정치 세력의 치열한 각축장이 되기도 했다.

　지금도 시칠리아 곳곳에는 감동과 경이의 고대 유적들이 또렷하게
남아 있다. 특히 고대 그리스 식민지의 유적들이 인상적이다. 그리스
본토에 남은 어떤 신전보다 완벽하게 보존된 그리스 신전도 여럿 있
다. 시칠리아 전체는 '거대한 고고학 박물관'이나 다름없다. 주민들이
진심으로 친절하고, 여행 물가가 확실히 저렴하다는 점도 시칠리아를
아주 매력적인 여행지로 만들었다.

지중해 푸른 바다를 굽어보는 고고학 공원, 틴다리

　시칠리아와 이탈리아 본토 사이의 최단 거리는 약 3km에 불과하다. 페리호가 오가는 시칠리아의 메시나Messina와 본토의 빌라 산 지오반니Villa San Giovanni 사이도 6km밖에 안 된다. 진작 다리가 놓였을 만한 거리인데도, 아직까지는 20분마다 한 대씩 출발하는 페리호를 타야만 드나들 수 있다.

　시칠리아의 관문인 메시나 선착장에 도착하자마자 곧장 시칠리아 주도인 팔레르모 방면으로 길머리를 잡았다. 북부 해안의 E90고속도로를 얼마쯤 달리다 보니 터널 위쪽의 산꼭대기에 있는 고성과 성당이 눈에 들어왔다. 급히 구글맵을 검색해 틴다리 고고학 공원

근래에 새로 지어진 마리아 델 틴다리 대성당(왼쪽)
마리아 델 틴다리 대성당 내의 검은 성모 마리아상(오른쪽)

틴다리 고고학 공원의 바실리카와 주거 유적

Parco Archeologico di Tindari 과 마리아 델 틴다리 대성당Basilica Santuario Maria del Tindari이라는 사실을 확인하고 고속도로를 빠져나왔다.

틴다리는 B.C. 734년에 그리스 식민지가 된 시라쿠사 Siracusa의 디오니시우스 1세가 B.C. 396년에 설립했다. 카르타고와 로마 사이에 벌어진 제1차 포에니 전쟁(B.C. 264~B.C. 241) 당시에는 카르타고군 해군의 본거지로 사용되었다. B.C. 257년 카르타고와의 틴다리스 해전Battle of Tyndaris에서 승리한 로마도 시칠리아 주변 해역을 통제하고 방어하는 군사기지로 틴다리를 활용했다. 로마 제국의 뒤를 이은 비잔틴 제국(동로마 제국), 836년에 북아프리카에서 건너온 사라센족 무슬림에게도 틴다리는 군사적 요충지였다.

틴다리 고고학 공원과 마리아 델 틴다리 대성당은 바다 전망이 시원스런 언덕에 자리 잡았다. 가장 높은 곳에 터를 잡은 대성당은 16세기에 바로크 양식으로 처음 세워졌다가 1977년에 새로 건축됐다. 반백 년도 안 된 건물답게 광택이 보일 만큼 외관이 깔끔하다. 내부에는 12세기 비잔틴 시대에 어느 선원들이 동방에서 가져왔다는 검은 성모 마리아상Black Madonna of Tindari이 모셔져 있다. 성모 마리아가 아기 예수를 안고 있는 모습을 표현한 목각 조각상이다. 두 모자가 흑인이라는 점이 이채롭다.

대성당 앞에서 300여m를 더 걸어가면 틴다리 고고학 공원 입구에 다다른다. 길가에 한창 곱게 핀 서양협죽도 꽃과 선인장 꽃이 오래도록 눈길을 붙잡는다. 이 고고학 공원에서는 바실리카Bascilica와 그리스 극장Tindari Greek Theatre이 특히 눈여겨볼 만하다. 공원의 동쪽 끝에 있는 바실리카는 예배당이나 성소가 아니라 공식 행사와 집회가 열리던 공공건물이었다. 로마 제국의 초대 황제인 아우구스투스 시대에 세워져 5세기까지 사용됐다고 한다.

바실리카의 정반대 쪽에는 B.C. 3세기에 세워진 그리스 극장이 있다. 최대 3,000명을 수용했다는 이 반원형 극장은 모든 객석에서 검푸른 지중해 바다가 훤히 내려다보이는 언덕에 자리 잡았다. 그 밖에도 그리스와 로마 시대의 도로, 가게, 주택, 공중목욕탕 등의 유적도 있다. 비잔틴 시대의 성벽, 고대 귀족의 저택 바닥을 장식한 모자이크 타일도 남아 있는가 하면 아우구스투스의 두상도 발굴됐다. 보는 이들에게 상상의 날개를 펼치게 만드는 고대인의 흔적이 무수히 깔렸다.

'천사'들이 모여 사는 산간 소도시, 카스텔부오노

시칠리아에서의 첫날 밤은 해발 423m의 산간 소도시인 카스텔부오노 Castelbuono의 어느 아파트먼트에서 보냈다. 방 2개에 주방까지 딸린 숙소인데도 숙박비가 아주 저렴했다. 전용 주차장이 없어서 근처에 노상주차를 해야 한다는 것이 거의 유일한 단점이었다.

경사 완만한 산중턱에 자리한 카스텔부오노 전경

　이튿날 아침에 살펴본 차는 별 이상이 없었다. 기분 좋게 출발해 울퉁불퉁한 비탈길을 내려가는데, 어디선가 오토바이를 타고 나타난 아저씨가 차를 세우라며 다급하게 손짓했다. 차를 세워보니 내 차의 오른쪽 앞바퀴가 폭삭 주저앉아 있었다. 아저씨에게 고맙다고 인사한 뒤 각자 해결방안을 찾아 나섰다. K선배는 가까운 카센터를 찾아 문이라도 두드려보겠다며 길을 나섰다. J씨는 프랑스의 리스차 고객센터에 전화를 걸어 긴급출동 서비스를 요청했다. 도와줄 수는 있지만 상당히 오랜 시간을 기다려야 한다는 대답이 돌아왔단다. 때마침

곤경에 처한 우리를 적극 도와준 경찰 아주머니들과 카센터 사장님

일요일이라 문제가 쉽게 해결될 것 같지는 않았다. '오늘 하루는 날렸구나' 싶었다.

　실의에 빠진 우리 앞에 경찰차가 한 대 나타났다. J씨가 경찰 아주머니 2명에게 상황을 설명하며 도와달라고 말했다. 경찰들은 "알았다"며 자리를 떴고, 10여 분 뒤에 인상 좋은 이탈리아 아저씨가 나타났다. 카센터 사장님이라는 그 아저씨는 펑크 난 차바퀴를 빼서 자기 차에 싣고 사라졌다. 30분쯤 뒤에 다시 나타난 그는 트렁크에서 펑크가 수리된 차바퀴를 꺼내와 능숙하게 내 차에 다시 끼웠다.

　불과 1시간 반 만에 모든 문제가 거짓말처럼 해결됐다. 펑크 난 사실을 처음 알려준 오토바이 아저씨, 두 번이나 현장을 살피며 적극 도와준 경찰 아주머니들, 휴일인데도 기꺼이 출장서비스를 제공한 카센터 사장님…. 카스텔부오노에서 뜻밖에 만난 '구세주'들이 시칠리아, 아니 이탈리아의 모든 것을 단번에 사랑할 수밖에 없게 만들었다. 역시 여행의 희비는 사람이 좌우한다는 사실을 새삼 깨달았다.

이탈리아

다양한 문화가 융합된 〈시네마천국〉 마을, **체팔루**

카스텔부오노에서 차로 20여 분 거리의 체팔루Cefalu로 가는 길에서는 휘파람이 절로 나왔다. 마음이 편안해지니 눈앞에 보이는 것들이 죄다 아름다웠다. 시칠리아 북부 해안의 중간쯤에 있는 체팔루는 영화 〈시네마천국〉 촬영지로 잘 알려진 곳이다. 그런데 이 소도시에 들어서면서부터 마음의 평화가 깨지고 말았다.

인구 14,000여 명의 체팔루에는 휴일을 즐기려는 피서객과 관광객으로 이미 가득했다. 주차장마다 빈자리가 없어서 같은 길을 몇 번이나 빙빙 돌아야 했다. 설상가상 내비게이션의 안내 오류로 진입한 골

체팔루 해변에서 휴일의 여유를 즐기는 피서객들

다양한 문화가 융합된 체팔루 대성당

목길의 수많은 인파를 헤치고 나오느라 넋이 나가버릴 지경이었다. 간신히 주차한 뒤에 투어를 시작했지만 마음이 진정되지 않았다. 한 시바삐 이 번잡한 소도시를 벗어나고 싶었다. 아무리 그래도 체팔루 대성당Cefalu Cathedral은 보고 싶었다.

체팔루 대성당은 영화 〈시네마천국〉의 주요 촬영지다. 하지만 내가

이 대성당을 꼭 보고 싶어 한 이유는 그게 아니다. 이탈리아의 여느 대성당들과는 확연히 다른 노르만 양식의 대성당이라는 점 때문이었다. 바이킹 일원인 노르만족은 1071년부터 12세기 말까지 시칠리아를 지배했다. 특히 1130년에 로저 2세가 시칠리아 왕국을 선포한 뒤로 시칠리아에 대한 노르만족의 지배 체제는 더욱 공고해졌다. 그 이듬해에는 로저 2세의 명령으로 체팔루 대성당의 건립공사가 시작되었다.

체팔루 대성당은 노르만 양식으로만 꾸며지지 않았다. 노르만 이전에 시칠리아를 지배한 비잔틴, 이슬람 양식까지 두루 반영됐다. 대성당의 기본 구조와 쌍탑이 달린 파사드, 기둥머리 조각은 노르만 양식

체팔루 대성당 내부의 황금빛 모자이크

이다. 대성당 제단 위의 반원형 공간인 아프스 apse에는 '전능하신 주 그리스도 Christ Pantocrator' 상이 비잔틴 양식의 황금빛 모자이크로 장식돼 있다. 내부의 기둥과 아치, 나무로 된 천장 등은 이슬람 양식이 반영된 결과물이다. 대성당 자체가 문화 융합의 완벽한 결정체인 셈이다.

체팔루 대성당 근처에 바다 전망이 좋은 카포 마르키아파바 요새 Bastione di Capo Marchiafava가 있다. 그 아래의 한적한 바닷가에서 테이크 아웃해 온 파스타로 간단히 점심을 해결했다. 눈부시도록 파란 티레니아해 Tyrrhenian Sea (이탈리아 남서부 시칠리아 주변의 지중해)를 바라보며 식사하는 동안 마음이 저절로 차분해졌다. 미련 없이 자리를 훌훌 털고 팔레르모로 향했다. 자동차로 1시간쯤 달려서 팔레르모 구시가지의 마시모 극장 Teatro Massimo 근처에 도착했다.

2,800여 년 역사의 시칠리아 주도, **팔레르모**

팔레르모 Palermo는 B.C. 8세기에 페니키아 상인들이 처음 세운 도시다. 그 뒤로 카르타고, 로마, 비잔틴, 사라센, 노르만, 호엔슈타우펜(독일 왕가), 아라곤(스페인 왕가) 등 다양한 세력의 지배를 받았다. 특히 827년에 시칠리아를 점령한 북아프리카의 사라센족은 팔레르모를 수도로 삼고 200여 년간이나 통치했다. 1072년에 시칠리아를 정복한 노르만족은 시칠리아 왕국을 세웠다. 이 시기에 다양한 문화가 합쳐져서 독특한 건축물과 예술작품이 탄생했다.

팔레르모 구시가지의 주요 도로 중 하나인 '비토리오 에마누엘레 거리Via Vittorio Emanuele'는 2,800여 년 전에 페니키아인이 만든 거리다. 노르만 왕궁Palazzo dei Normanni과 맞닿은 포르타 누오바Porta Nuova에서 항구 근처의 포르타 펠리체Porta Felice까지 1.8km가량 반듯하게 뻗었다. 이 거리와 16세기 후반에 건설된 마퀘다 거리Via Maqueda가 교차되는 비글리에나 광장Piazza Vigliena 주변은 무척 번잡했다. 1608~1620년에 바로크 양식으로 건설된 이 광장은 '콰트로 칸티Quattro Canti'라고도 부른다. 광장의 네 모퉁이에는 매우 특이하고 복합적인 건축물이 하나씩 세워져 있다. 각 1층에는 계절을 상징하는 여신상과 분수, 2층에는 시칠리아의 왕, 3층에서는 팔레르모의 수호성인 상이 배치됐다. 이

팔레르모 중심부에 있는 콰트로 칸티의 독특한 건축물

여러 시대의 다양한 건축 양식이 융합된 팔레르모 대성당

곳 조각상들은 시칠리아 출신의 조각가 카를로 다프릴레 Carlo D'Aprile, 1621~1668 의 작품이라고 한다.

콰트로 칸티에서 비토리오 에마누엘레 거리를 따라 서쪽으로 450m를 걸으면 팔레르모 대성당 Cattedrale di Palermo 앞에 도착한다. 1185년에 월터 오파밀 Walter Ophamil 대주교가 건립한 이 대성당도 체팔루 대성당과 마찬가지로 노르만, 고딕, 바로크, 이슬람 등의 여러 건축 양식이 혼합돼 있다. 원래 이 자리에는 교황 그레고리오 1세가 세운 비잔틴 양식의 대성당이 있었으나 9세기에 팔레르모를 정복한 사라센족이 이슬람 사원으로 개조해 사용했다. 그 뒤에 이곳의 지배자가 된 노르만족은 1185년에 이슬람 모스크를 철거하고 팔레르모 대성당을 새로 지어졌다. 모스크 일부도 그대로 사용해 이슬람 경전인 코란 Koran 의 구절이 새겨진 기둥도 남아 있다.

시칠리아의 주도이자 가장 큰 도시인 팔레르모에는 눈여겨볼 만한 문화유산이 적지 않다. 하지만 내게는 기대 이하의 여행지였다. 무엇보다 길거리에 쓰레기가 많아서 길을 걷는 내내 불쾌했다. 구시가지 한복판의 콰트로 칸티 주변도 크게 다르지 않았다. 어떤 골목에서는 음산한 기운마저 느껴졌고, 어떤 거리에서는 역겨운 냄새(동행한 일행은 마리화나 태우는 냄새라고 했다)가 확 풍기기도 했다. 더 지체하지 않고 서둘러 아그리젠토로 발길을 돌렸다.

팔레르모 구시가지 거리에서 음악에 맞춰 춤추는 젊은이들

그리스 유산이 가득한 '신전의 계곡', 아그리젠토

시칠리아 일정이 추가됐을 때 가장 기대되는 여행지는 아그리젠토 Agrigento '신전의 계곡Valley of the Temples'이었다. 이곳에 거의 완벽하게 남아 있다는 고대 그리스 신전의 실제 모습이 궁금했다.

시칠리아 남부 해안에 있는 아그리젠토의 역사도 2,600여 년을 헤아린다. B.C. 581년에 로도스와 크레타에서 건너온 그리스인이 식민지로 건설했다. 처음에는 아크라가스 Akragas 로 부르다가 로마 시대인 B.C. 210년에 아그리젠툼 Agrigentum 으로 바뀌었다. 그 뒤로도 여러 번 바뀐 끝에 1929년에 아그리젠토가 공식 지명으로 채택됐다.

B.C. 261년부터 로마의 지배를 받기 시작한 아그리젠토는 B.C. 210년 로마에 완전히 편입되었다. 로마의 지배 아래에서는 시칠리아 남부 해안의 상업 중심지로 다시 번영을 누렸다. 풍부하게 생산된 곡물을 로마 전역에 공급하기도 했다. 하지만 로마의 지배도 5세기 말경서로마 제국의 쇠퇴와 함께 끝났다. 그 뒤로는 반달, 동고트, 비잔틴, 사라센, 노르만 등 여러 세력이 번갈아 지배했다. 이처럼 잦은 침략과 전쟁으로 아그리젠토는 점차 폐허로 변했다.

현재 폐허로 남은 아그리젠토 신전의 계곡에는 늘 많은 관광객으로 북적거린다. 여유 있게 둘러보고 싶어서 개장시간에 맞춰 서쪽의 포르타 퀸타Porta Quinta, 또는 Porta V 매표소에 도착했다. 아직은 이른 시간

헤라 신전 앞에서 바라본 신전의 계곡 전경. 콘코르디아 신전과 지중해 쪽빛 바다도 보인다.

인 데다가 신전의 계곡이 워낙 넓어 다소 한산했다.

신전의 계곡은 실제 계곡이 아니다. 물 한방울도 흐르지 않는 계곡 옆의 아주 완만하고 널찍한 능선이다. 올리브 농사나 가능할 법한 거칠고 황량한 등성이에 고대 그리스인들이 남긴 거대 신전들이 우뚝우뚝 서 있다. 모두 강건하고 간결한 형태의 도리아 양식 Doric order 으로 지어졌다. 맨 서쪽의 디오스쿠리 신전 Temple of the Dioscuri 에서 동쪽 끝의 헤라 신전 Temple of Hera 까지는 직선거리로 1.8km쯤 된다. 그 사이에 올림피아 제우스 신전 Temple of Olympian Zeus, 헤라클레스 신전 Temple of Heracles, 콘코르디아 신전 Temple of Concordia 이 순서대로 자리 잡았다. 전체 동선이 길지 않고 탐방로도 평탄해서 산보하듯 가볍게 둘러볼 수 있다.

디오스쿠리 신전은 B.C. 5세기 중반에 세워졌다. 지금은 기둥 4개만 덩그러니 남은 이 신전은 쌍둥이 형제인 카스토르 Castro 와 폴룩스 Pollux 에게 헌정됐다. 그리스 로마 신화에 등장하는 이 형제는 제우스와 스파르타의 여왕 레다 사이에서 태어났다. 디오스쿠리 신전에서 북서 방향으로 250m 거리에는 불과 대장간의 신 헤파이토스의 신전이 있다. 빤히 보일 만큼 가깝지만 바로 가는 길을 찾지 못해 포기했다.

디오스쿠리 신전에서 200m쯤 떨어진 올림피아 제우스 신전은 성한 기둥이 하나도 없는 폐허다. 시칠리아의 그리스 식민지였던 시라쿠사·아그리젠토 연합군이 B.C. 480년의 히메라 전투에서 카르타고에 승전한 것을 기념하기 위해 이 신전의 건립 공사가 시작됐다. 하지만 끝내 마무리되지 못했고, 그나마도 지진 같은 자연재해와 후대 사람들의 무분별한 석재 반출로 대부분 파괴되었다.

신전의 계곡에 가장 먼저 세워진 헤라클레스 신전

올림피아 제우스 신전에서 육교만 건너면 곧바로 헤라클레스 신전 앞에 다다른다. 신전의 계곡에서 가장 먼저 세워진 신전으로 B.C. 6세기 말에 건축됐다고 한다. 신화 속의 영웅인 헤라클레스는 군사적 승리와 상업적 성공을 도와주는 신으로 숭배됐다. 원래 38개의 기둥으로 건축된 이 신전 안에는 높이 38m의 헤라클레스 청동상도 배치돼 있었다고 한다. 현재는 우람한 돌기둥 8개만 한 줄로 늘어서 있다.

헤라클레스 신전에서 500m 거리의 콘코르디아 신전은 B.C. 440~B.C. 430년에 지어졌다. 로마 신화에 조화와 화합의 여신으로 묘사된 콘코르디아Concordia(그리스 신화의 하모니아Harmonia)의 이름이 붙긴 했지만, 실제로 어떤 신에게 헌정됐는지에 대한 기록은 없다. 신전 이름도 16세기 이탈리아의 도미니크회 수도사이자 고고학자인 토마소 파첼로Tomaso Fazello가 붙였다고 한다.

콘코르디아 신전은 비잔틴 시대인 6세기에 아그리젠토 주교의 지시에 따라 기독교의 바실리카로 개조되어 성 베드로와 성 바울에게 헌정됐다. 그 덕택에 파괴되지 않고 여태껏 잘 보존될 수 있었다. 처음부터 34개인 기둥이 단 하나도 없어지거나 무너지지 않고 그대로 남았다. 현존하는 그리스 신전들 가운데 가장 보존 상태가 좋은 것으로 평가된다. 두 눈으로 직접 살펴본 이 신전은 지금도 사용될 수 있을 것처럼 원형이 완벽하다.

콘코르디아 신전 앞에는 거대한 청동상이 하늘을 향해 눈을 지그시 감고 누워 있다. 너무 높이 날아올라 태양 가까이 갔다가 날개가 불에 타서 추락했다는 이카루스Icarus를 표현한 청동상이다. 사진만 봐서는 고대 그리스의 유물로 오인될 수도 있을 성싶은데, 사실은 2001년에 폴란드 작가인 이고르 미토라지 Igor Mitoraj가 만든 작품이다. 현대 조형물과 고대 유적의 조화가 의외로 부조화스럽지는 않은 듯하다. 하지만 내게는 청동상 앞에 자연스레 나이를 먹은 올리브 고목이 더 인상적이었다. 굵고 울퉁불퉁한 몸통에서 수백 년, 아니 수천 년의 연륜이 느껴졌다.

신전의 계곡에는 올리브 나무가 지천이다. 허물어진 신전의 돌 틈에 뿌리 내린 나무도 있다. 콘코르디아 신전과 동쪽 끝의 헤라 신전 사이에도 올리브 나무가 과수원처럼 늘어서 있다. 나무들 사이로 '아르코솔리 Arcosoli'라는 4~7세기의 기독교도 무덤과 근래 세워진 추모비들이 뒤섞여 있다.

신전의 계곡에서 가장 높은 언덕에는 결혼과 가정의 여신이자 제우스의 아내인 헤라(로마 신화의 주노 Juno)의 신전이 올라앉았다. B.C. 450년경에 세워진 이 신전은 B.C. 406년에 카르타고군에 의해 파괴되

콘코르디아 신전 앞의 올리브 고목

신전의 계곡에서 가장 높은 언덕에 있는
헤라 신전

4~7세기의 기독교도 무덤인 아르코솔리

었다가 로마 시대에 복원됐다고 한다. 헤라 신전 앞에서는 신전의 계
곡 전체가 한눈에 들어오고, 검푸른 빛깔로 일렁이는 지중해도 시원
하게 조망된다.

아그리젠토 고대 유적을 찾은 관광객은 대부분 신전의 계곡만 둘
러본 뒤 발길을 돌린다. 그러면 전체 유적의 반쯤만 본 것이나 다
름없다. 우리는 나머지 반쪽인 '헬레니즘 로마 지구Quartiere Ellenistico-
Romano'까지 둘러봤다. 신전의 계곡이 신들의 영역이라면, 헬레니즘 로
마 지구는 인간의 영역이다. 고대 그리스인의 일상생활을 엿볼 수 있
는 유물들이 지천에 깔려 있기 때문이다.

작열하는 태양 아래 광활한 올리브밭을 가로질러서 아그리젠토 시
내와 신전의 계곡 사이에 있는 아그리젠토의 헬레니즘 로마 지구에
도착했다. 이곳은 헬레니즘 시대인 B.C. 4세기에 처음 만들어진 계획

헬레니즘 로마 지구의 주거지 바닥에 모자이크 타일로 수놓은 기하학 문양

도시였다. 그리스의 건축가이자 도시계획가인 히포다무스 Hippodamus 의 치밀한 설계에 따라 바둑판 같은 격자형 도시가 조성되고, 로마 시대에는 더욱 확장됐다.

오랫동안 땅속에 묻혀 있던 헬레니즘 로마 지구는 1924년에 처음 발견되었다. 하지만 본격적인 발굴 작업은 1950년대에 시작되었다. 15,000m²(약 4,500여 평)의 발굴 지역에서는 27개의 주거지와 상점, 창고, 우물, 배수관 등 다양한 건축물이 드러났다. '도무스 Domus'라 부르는 상류층 주택에서는 기하, 맹수, 물고기, 새 등 다양한 문양의 모자이크도 발견되었다. 우리가 이곳을 둘러보는 동안에 다른 사람은 한 명도 만나지 못했다. 심지어 관리하는 사람조차 눈에 띄지 않았다.

5시간 넘게 아그리젠토 고대 유적을 둘러보는 내내 아득히 먼 옛날의 낯선 도시에 와 있는 듯한 착각이 종종 들었다. 기분 좋은 착각이다. 이곳을 다시 찾는 날에는 간식과 음료까지 넉넉하게 챙겨서 하루를 통째로 쏟아붓고 가야겠다 다짐하며 발길을 돌렸다.

보석 같은 중세 도시, 라구사

내 여행은 늘 자유롭고 대개는 즉흥적이다. 나라와 지역 정도만 염두에 두고 길을 떠난다. 특별한 경우가 아니면 세세한 일정과 목적지는 전날 저녁이나 당일 현장에서 결정되는 수가 많다. 시칠리아의 아주 오래된 도시 라구사 Ragusa 도 그랬다. 그 전날에 예약한, 아주 괜찮은 숙

라구사 수페리오레로 넘어가는 고갯길에서 바라본 라구사 이블라

소 근처에 라구사라는 금시초문의 고대 도시가 있다는 사실을 알게 됐다. '숙소에서 가까우니 한번 들러보자'는 생각으로 가볍게 찾았는데 의외로 매력적인 도시였다.

라구사에서는 이미 B.C. 2000년경부터 사람이 살았다고 한다. '시칠리아'라는 지명의 유래가 된 시켈리족 Sicels이 이탈리아 본토에서 건너와 터를 잡았다는 것이다. 사라센족이 통치하던 9세기에서 노르만족 치하의 11세기 사이에는 무역과 문화의 중심지로 번영을 누렸다. 그러나 1693년에 발생한 대지진으로 라구사는 큰 피해를 입었다. 도시가 지진 피해를 입은 아래쪽의 라구사 이블라Ragusa Ibla 와 위쪽에 바둑판 모양으로 새로 조성된 라구사 수페리오레 Ragusa Superiore 로 나뉘게 된 것도 이때부터다.

내 관심과 시선은 당연히 라구사 이블라로 쏠렸다. 깊은 협곡 위에 불쑥 솟은 언덕에 올라앉은 라구사 이블라는 중세 도시의 풍경과 정취가 오롯이 살아 있다. 관광객이 의외로 많지 않아서 오래된 골목길을 느긋하게 걸었다.

라구사 이블라의 동쪽 끝에 있는 이블레오 정원Giardini Iblei부터 둘러봤다. 1858년에 이 지역의 귀족과 주민이 합심해서 조성한 정원이다. 1시간 내외에 다 둘러볼 수 있을 정도로 규모가 작고 화려하지도 않지만, 정원과 산책로가 잘 관리돼 있다. 정원 안에 자리한 산 빈첸초 페레리 교회, 산 자코모 교회, 카푸친 교회 등의 오래된 교회들이 독특한 분위기를 자아내기도 한다. 곳곳에 벤치와 분수, 석조 기둥과 발코니 등도 설치돼 있어서 자분자분 걷다가 휴식하기에 좋다. 정원의 맨 안

이블레오 정원의 작은 분수와 잘 가꾼 정원

쪽에서는 이르미노강Irminio River 주변의 협곡이 시원스럽게 조망된다.

이블레오 정원 정문의 맞은편 골목길 Corso XXV Aprile을 500m쯤 걸어
가면 라구사 이블라의 랜드마크 격인 산 지오르지오 대성당Duomo di
San Giorgio 앞에 도착한다. 대지진 이후인 1775년에 3년간의 공사를 거
쳐 완공된 이 대성당은 라구사의 수호성인인 성 지오르지오San Giorgio
에게 헌정됐다. 바로크 양식의 건축물답게 안팎이 화려하다. 더군다
나 계단 꼭대기에 자리잡고 있어서 실제보다 훨씬 높고 웅장해 보인
다. 대성당 내부에는 당대 유명 화가들의 회화, 성 지오르지오 기마상
등이 배치돼 있다. 3세기경의 로마 제국 군인이자 기독교 순교자 중
한 사람인 성 지오르지오는 용을 물리친 기사로도 유명하다.

산 지오르지오 대성당 아래의 광장에 정차한 시티투어 열차

산 지오르지오 대성당 내의
성 지오르지오 기마상

아르키메데스의 고향, 시라쿠사

시칠리아의 시라쿠사Siracusa가 고대 그리스의 식민지였다는 사실을 그곳에 가서야 처음 알았다. B.C. 734년에 그리스의 코린트Corinth 와 테네아Tenea에서 건너온 그리스인들이 시라쿠사의 오르티지아섬에 처음 식민지를 건설했다는 것이다. 겔론Gelon, 재위 B.C. 485~B.C. 478의 통치기인 B.C. 5세기에는 영토 확장과 함께 큰 번영을 누렸다. B.C. 480년의 히메라 전투에서는 카르타고군을 물리쳤고, B.C. 415~B.C. 413년 아테네의 시칠리아 원정 당시에는 스파르타의 지원을 받아 아테네 군대를 거의 전멸시키기도 했다. 제2차 포에니 전쟁B.C. 218~B.C. 202 당시에는 카르타고와 동맹을 맺고 로마와 싸웠다. 하지만 B.C. 212년의 시라쿠사 포위전Siege of Syracuse에서 로마군에게 크게 패한 뒤로 로마의 지배를 받기 시작했다.

아르키메데스B.C. 287~B.C. 212가 시칠리아의 시라쿠사 출신이라는 것도 새롭게 안 사실이다. 고대 그리스의 수학자요 물리학자이며 천문학자이자 발명가인 그 유명한 아르키메데스 말이다. 그가 목욕탕 안에서 물의 부피 변화를 통해 왕관의 순도를 측정할 수 있는 방법을 발견하고는 "유레카! 유레카! Eureka! Eureka!" 외치며 벌거벗은 몸으로 뛰쳐 나갔다는 곳도 당연히 시라쿠사다. 시라쿠사에서 태어난 그는 젊은 시절에 이집트 알렉산드리아에서 유학했을 때 말고는 고향을 떠나지 않았다. 죽음도 시라쿠사에서 맞이했다. 시라쿠사가 카르타고 편에 섰던 제2차 포에니 전쟁 당시 '아르키메데스의 발톱Archimedes' Claw',

시라쿠사 오르티지아섬 입구의 인공섬에 세워진 아르키메데스 동상

'아르키메데스의 불타는 거울Archimedes' Burning Mirrors' 등을 발명해 시
라쿠사 방어에 큰 역할을 한 그는 결국 로마군에게 죽임을 당했다.

　고대 그리스 식민지의 문화유산이 아직도 적잖이 남은 오르티지아
섬에서 한나절 동안 머물렀다. 시칠리아 본섬에서 오르티지아섬으로

가려면 움베르토 1세 다리Ponte Umberto I를 건너야 한다. 이 다리 중간의 인공섬에는 아르키메데스 동상이 세워져 있다. 한 손에는 컴퍼스, 다른 손에는 '불타는 거울'을 든 모습이다. 시라쿠사 출신의 예술가와 건축가가 2016년에 세워졌다는 이 동상은 아르키메데스의 업적과 정체성을 한눈에 보여준다.

오르티지아섬은 별로 크지 않다. 길쭉한 남북의 길이가 1.6km, 짤막한 동서의 너비가 최대 0.6km에 불과해 걸어서 둘러보기 좋다. 오르티지아 옛 시장Antico Mercato di Ortigia 주변의 주차장에 차를 세우고 늦은 점심식사를 한 뒤 가까운 아폴로 신전Tempio di Apollo부터 찾았다.

B.C. 6세기에 세워진 아폴로 신전은 시칠리아에서 가장 오래된 도리아 양식의 신전이다. 여러 시대를 거치는 동안에 다양한 용도로 활용됐다. 로마 제국 말기에는 이교도 박해로 폐쇄됐다가 비잔틴 시대

주택가에 에워싸인 아폴로 신전

에는 기독교 교회로 사용됐다. 사라센족의 통치기에는 이슬람 사원으로 바뀌었고, 노르만족이 사라센을 몰아낸 뒤에는 다시 기독교 교회가 되었다. 스페인 아라곤 왕국의 지배를 받던 16세기에는 신전의 일부가 병영과 민간 주택으로 개조됐다. 현재는 주택가 한복판에 폐허로 남아 옛 신전의 위엄과 위용을 찾아보기 어렵다.

아폴로 신전 앞의 코르소 자코모 마테오티 Corso Giacomo Matteotti 거리를 따라 300m쯤 남쪽으로 걸으면 아르키메데스 광장 Piazza Archimede 에 도착한다. 이곳 한복판에 1907년 조각가 줄리오 모셰티 부자父子가 만든 디아나 분수 Fontana di Diana 가 있다. 분수 중앙에는 그리스 로마 신화에서 사냥과 출산의 여신으로 묘사된 다이아나 Diana (그리스 신

아르키메데스 광장의 디아나 분수. 다이아나 여신 아래에 아레투사와 알페오의 조각상이 배치됐다.

화에서는 아르테미스 Artemis)가 활을 메고 있는 모습이 조각돼 있다. 그녀 아래에는 다이아나 여신의 시녀이자 물의 님프 Nymph인 아레투사 Arethusa 와 강의 신 알페오 Alpheus 의 조각상도 있다. 이 둘이 주인공으로 등장하는 이야기의 마지막 무대가 이곳 오르티지아섬의 아레투사샘이다. 이 샘은 아르키메데스 광장에서 500m 거리의 남동쪽 바닷가에 실재한다. 그곳으로 가는 길의 중간쯤에 자리한 시라쿠사 대성당도 꼭 둘러봐야 한다.

시라쿠사 대성당에는 시라쿠사의 굴곡진 역사가 오롯이 새겨 있다. 원래 이 자리에는 B.C. 5세기에 건립된 아테나 신전이 있었다. 그러나 비잔틴 제국의 지배를 받던 7세기에 시라쿠사의 주교 조시모 Zosimo 가 신전 자리에 기독교 교회를 세웠다. 교회는 사라센족이 지배하던 878년에 이슬람 사원으로 개조됐고, 노르만족이 통치하던 1085년에는 다시 교회로 바뀌었다. 근처의 아폴론 신전과 같은 운명을 겪은 것이다. 1693년에 대지진으로 파괴되었다가 25년 간의 재건 공사를 거쳐 1753년에 현재와 같이 화려한 바로크 양식의 건축물로 다시 태어났다.

시라쿠사 대성당 내부에는 특이하게도 도리아 양식의 아테네 신전 기둥이 그대로 사용됐다. 정면 출입구 위쪽의 성모마리아 상 옆에 젊은 여인의 조각상이 세워져 있는 점도 눈여겨볼 만하다. 이 여인은 시라쿠사 출신의 성 루치아 Santa Lucia, 283~304 다. 시라쿠사의 부유한 집에서 태어난 그녀는 끝까지 신앙을 지키다 눈알이 뽑히는 등의 고문을 당한 끝에 순교했다. 로마 제국의 기독교 공인(313년) 직전의 일이다. 성 루치아는 기독교도에게 눈병을 앓는 사람과 장님의 수호성인으로 여겨진다.

아레투사샘은 자연적으로 형성되었다. 옛날에는 지름이 200m나 되어 호수처럼 넓었다지만 지금은 긴 쪽이 20여m밖에 안 될 만큼 크게 줄었다. 오랜 세월에 걸쳐 여러 차례 거듭된 요새화 작업 때문이다. 이곳에서는 원래 민물만 솟아 나다가 1693년의 대지진 이후로는 바닷물이 섞여 나온다고 한다. 그런데 1798년에 영국 해군의 넬슨 제독이 프랑스 나폴레옹군과의 나일 해전을 앞두고 시라쿠사에 들렀다가 이 물을 마셨다는 기록이 있다. 이 샘물은 지금도 물속의 물고기가 훤히 보일 정도로 깨끗하다. 샘터 안에는 이집트, 그리스, 로마 등의 고대 문명에서 종이 대신 사용했다는 파피루스 papyrus가 작은 숲을 이루었고, 이제 그 숲은 몇 마리의 고니와 오리들의 보금자리가 되었다.

아레투사샘에서 10m 높이의 해안성

고대 그리스의 아테나 신전 자리에 세워진 시라쿠사 대성당

시라쿠사 대성당 안의 아테나 신전 기둥과 성 루치아 상

아레투사샘 안에 작은 숲을 이룬 파피루스

벽 길을 5분쯤 걸어가면 오르티지아섬의 남쪽 끝에 자리한 마니아체성Castello Maniace 입구에 다다른다. 이 성은 약 반세기 동안 시칠리아를 통치한 신성로마 제국 프리드리히 2세 황제의 명으로 1240년에 건설되었다. 1305년부터 1536년 사이에는 아라곤 왕국의 콘스탄스, 마리아, 비앙카 등을 비롯한 시칠리아 여왕들의 거주지로도 사용됐고, 한때는 감옥으로도 쓰였다. 16세기 이후에는 시라쿠사를 방어하는 군사 요새로 확고히 자리 잡았다. 지금도 옛 모습이 잘 보존돼 있어서 관광객의 발길이 끊이지 않는다. 하지만 나는 철옹성 같은 마니아체성보다 주변의 에메랄드빛 바다에 더 마음이 끌렸다. 성 입구에서 멍하니 바다만 바라보다 발길을 돌렸다.

난공불락의 요새인 마니아체성 주변의 유리처럼 투명한 바다

유럽 최대의 활화산 아래에 자리한 도시, **카타니아**

카타니아Catania는 시칠리아에서 두 번째로 큰 도시이자 동부의 중심지다. 이곳 역사도 고대 그리스의 식민지에서 시작됐다. 그리스 에우보에아섬 Euboea Island 의 칼키스 Chalcis (할키스)에서 건너온 식민지 개척자들이 B.C. 729년에 처음 이 도시를 건설했다. 시칠리아의 여러 도시와 마찬가지로, 카타니아도 오랜 세월 동안 다양한 왕조와 세력이 거쳐갔다.

카타니아는 유럽 최대의 활화산을 머리맡에 두고 있다. 수시로 용암을 분출하는 에트나산Mount Etna 정상에서 카타니아 구시가지까지

카타니아 초입의 E45고속도로에서 바라본 에트나산

의 직선거리는 30km도 안 된다. 이미 B.C. 425년부터 역사에 기록된 에트나산의 폭발로 여러 차례 큰 피해를 입었다. 특히 1669년의 대규모 분화로 카타니아 주민 15,000명이 목숨을 잃었다. 이 도시에 큰 재앙을 불러온 자연재해는 화산 폭발만이 아니었다. 1693년 1월 11일에 시칠리아 전역을 공포로 몰아넣은 대지진 당시에도 카타니아는 폐허로 변했다. 대부분의 건물이 무너지고 사망자만 12,000~15,000명을 헤아렸다.

지금과 같이 아름다운 바로크 양식의 건축물로 가득한 카타니아는 대지진 이후에 혁신적이고 계획적인 재건 공사로 다시 태어났다. 그때 세워진 건축물로 시칠리아 최초의 대학인 카타니아 대학교 University of Catania 와 가장 큰 성당인 산타가타 대성당 Cattedrale di Sant'Agata 이 대표적이다. 이 둘을 포함해 카타니아의 관광 명소와 바로크 건축물의 대부분은 도심 한복판을 가로지르는 에트네아 거리 Via Etnea 와 그 주변에 있다.

길이가 2.8km에 이르는 에트네아 거리의 남쪽 관문은 우제다 성문 Porta Uzeda 이다. 화산암과 흰 대리석을 사용해 바로크 양식으로 지어진 이 성문에서부터 에트네아 거리가 시작된다. 1695년에 세워진 이 성문의 이름은 대지진 이후에 카타니아 재건 공사를 주도한 우제다 공작 Giovanni Francesco Paceco Uzeda 에서 따왔다. 그는 스페인 아라곤 왕국의 카를로스 2세 Carlos II 국왕을 대신해 1687년부터 1696년까지 시칠리아를 통치한 부왕이기도 했다. 당시 시칠리아는 나폴리와 함께 아라곤 왕국의 일부였다.

카타니아 구시가지의 남쪽 출입구인 우제다 성문

우제다 성문의 바로 안쪽에는 카타니아 교구 박물관Museo Diocesano Catania과 '성직자의 궁전 Palace of Chierici'이 있다. 에트네아 거리 양쪽에 마주보며 서 있는 건물들이다. 몇 발자국만 더 옮기면 대성당 광장 Piazza del Duomo에 들어선다. 오른쪽에는 산타가타 대성당, 왼쪽에는 코끼리 분수 Fontana dell'Elefante가 자리 잡았다.

산타가타 대성당은 노르만족이 지배하던 1093년에 고대 로마의 아킬레아 목욕탕 Terme Achilliane 유적 위에 처음 건설되었다. 그 뒤로 여러 차례의 지진과 화재로 파괴와 재건이 거듭되었다. 지금의 성당은 1693년의 대지진 이후에 바로크 양식으로 재건된 것이다. 내부에는 대리석 기둥, 화려한 제단과 다양한 성화 등이 화려하게 치장돼 있다. 특히 성 아가타 대관식 장면의 프레스코화가 그려진 중앙 제단 위 아프스를 눈여겨볼 만하다. 대성당 지하에는 아킬레아 목욕탕의 일부

대성당 광장의 코끼리 분수와 산타가타 대성당

가 남아 있어 유료 관람이 가능하다.

대성당 앞의 광장에는 1737년에 세워진 코끼리 분수가 있다. 분수, 검은 코끼리, 오벨리스크의 세 부분으로 이루어졌다. 카타니아 시민은 화산암으로 조각된 검은 코끼리를 '우 리오트루u Liotru'라 부른다. 코끼리를 타고 다니면서 사람들을 놀라게 했다는 전설의 마법사 엘

산타가타 대성당 내부. 중앙 제단 위의 아프스에는 성 아가타의 대관식 프레스코화가 그려져 있다.

리오도로 Eliodoro에서 유래한 이름이다. 이 코끼리가 에트나산의 폭발을 예측하는 마법을 지녔다고 믿는단다. 코끼리 등에는 높이 3.66m의 로마 시대 오벨리스크가 올려져 있어서 분수가 실제보다 훨씬 커보인다.

대성당 광장 남쪽에 자리 잡은 성직자의 궁전 오른쪽에는 1800년대에 만든 아메나노 분수 Fontana dell'Amenano가 있다. 큰 건물 사이의 좁은 수로 위에 세워진 작은 분수다. 수로의 물이 깨끗하지 않아서 분수에도 눈길이 오래 머물지 않는다. 분수 옆의 계단 아래에 페스케리아 Pescheria가 있다. 고대 로마 시대부터 역사를 이어온 이 수산시장은 카타니아에서 가장 규모가 크다고 한다. 하지만 내 눈에는 서울 노량진 수산시장의 반의 반도 안 될 정도로 작아 보였다. 그래도 어전들이 문을 여는 오전 7시부터 오후 12시까지는 어시장 특유의 활력이 가득하다. 가판대에 올려진 해산물로는 참치, 황새치, 정어리, 새우, 문어, 조개 등과 같이 우리도 즐겨 먹는 해산물도 많아서 고향의 전통시장 같은 정감이 느껴진다.

수산시장과 그 주변의 기시라 거리Via Gisira, 파르도 거리Via Pardo 위에는 알록달록한 색상의 우산들이 줄지어 걸려 있다. 온통 우산에 뒤덮인 우산 광장Piazza Umbrella까지 조성돼 있다. 2012년에 포르투갈에서 시작돼 전 세계로 확산된 '엄브렐라 스카이 프로젝트Umbrella Sky

대성당 광장 근처의 시장 골목 위에 내걸린 우산들(왼쪽)
카타니아항 가까이에 고대 로마 시대부터 형성된 수산시장인 페스케리아(오른쪽)

Project'의 일환이다.

카타니아 구시가지에서는 오래 머물지 않았다. 며칠 동안 쌓인 여독에 심신이 지친 듯해서 일찍 숙소에 들어가 푹 쉬고 싶었다. 여행 일정이 일주일이라면 적어도 하루쯤은 아무것도 하지 않고 쉬는 날이 있어야 한다는 사실을 새삼 깨달았다.

툭 하면 터지는 활화산, 에트나산

카타니아의 숙소는 보랏빛 자카란다 꽃이 흐드러지게 핀 루이지 피란델로 거리Via Luigi Pirandello의 낡은 아파트먼트였다. 1934년에 노벨 문학상을 수상한 시칠리아 아그리젠토 출신의 작가 루이지 피란델로

카타니아 루이지 피란델로 거리의 양쪽에 늘어선 자카란다 가로수

의 이름을 딴 거리가 창밖에 보인다. 거리에 만발한 보라색 꽃, 땅바닥에 마구 뒹구는 꽃잎들이 우리의 숙소를 호화 맨션으로 업그레이드했다. 그곳에서 두 밤만 묵는다는 것이 아쉬웠다.

이튿날 아침에 서둘러 숙소를 나섰다. 시칠리아 자연 여행의 결정판인 에트나Etna 화산 트레킹을 하는 날이기 때문이다. 전날에 겟 유어 가이드Get Your Guide 어플로 예약한 화산 트레킹의 출발시간은 아침 8시로 잡혔다. 숙소를 출발한 지 30여 분 만에 에트나산 중턱의 니코로시 Nicolosi 마을을 지났다. 제주도 중산간의 오름 지대와 흡사한 풍경이 눈앞에 펼쳐지기 시작했다. 성기게 돋은 잡초들 사이로 형성된 지 얼마 안 된 화산 지형이 거뭇한 실체를 드러냈다. 고도가 높아질수록 땅은 더 삭막하고 황량해 보인다. 당장이라도 붉고 뜨거운 마그마를 뿜어 올릴 것 같은 산봉우리들이 여기저기 봉긋하다. 실제로 이 화산은 2024년 7월 2일, 2025년 2월 8일에도 마그마를 분출했다.

숙소에서 31km 거리의 출발 장소 Ashàra Etna & Stromboli Guides에는 1시간이나 일찍 도착했다. 여러 나라에서 온 20여 명을 한 팀으로 묶다 보니 실제 출발시간은 애초 약속한 것보다 1시간가량 더 늦어졌다. 괜한 부지런을 떠는 바람에 2시간 가까이를 허비한 셈이다.

하부 승강장Rifugio Sapienza, 1,922m에서 상부 승강장Funivia dell'Etna, 2,500m까지는 케이블카로 이동한다. 상부 승강장부터는 완만한 산비탈을 2시간 동안 걸어서 반환 지점인 토레 델 필로소포Torre del Filosofo. 2,920m까지 올라간다. 분출된 지 얼마 안 된 용암 위를 걷는 것은 처음이다. 눈에 들어오는 모든 것이 낯설고 신기했다.

마그마가 흘러내리며 만든 협곡의 잔설

　고도가 높아질수록 내가 밟는 땅의 나이는 점점 더 젊어졌다. 바람은 거세지고 기온도 두드러지게 낮아졌다. 마그마가 흘러내리며 좁고 가파르게 형성된 용암 협곡에는 미처 녹지 않은 눈까지 두껍게 쌓였다. 출발 직전에 보온 장갑을 사 온 것이 신의 한 수였다. 다행히도 호흡 곤란이나 어지럼증 같은 고산병 증세는 전혀 느껴지지 않았다. 소걸음으로 천천히 걷는 데다 이따금씩 가이드가 일행을 멈춰 세우고 설명하는 시간에 충분히 쉴 수 있어서 생각보다 수월하게 트레킹을 즐겼다.

　가파르게 흘러내린 마지막 비탈길을 올라서니 시야가 훤하다. 이 트레킹 코스의 종점인 토레 델 필로소포가 코앞이다. '철학자의 탑'이

한 분화구의 급경사 비탈길을 걷는 트레커들

2002년에 분출한 바르바길로 분화구

라는 뜻의 이름은 아그리젠토 출신의 그리스 철학자 엠페도클레스 Empedocles에서 유래했다. 우주가 불, 물, 공기, 흙의 4가지 요소로 구성 됐다는 4원소론을 주장한 그 철학자다. 그는 이곳에 머무르면서 에트 나 화산을 연구하다가 결국은 화산 분화구에 뛰어들어 신이 되었다 는 전설도 전해온다.

실제로 아주 오래전에 엠페도클레스의 피난처로 추정되는 유적이 발견되기도 했다. 그것을 보호하기 위해 콘크리트 타워를 세우고 '철 학자의 탑'이라 이름 붙였다. 1800년대에 화산학자들의 연구기지로 도 사용됐다는 이 탑은 1971년부터 2003년 사이에 수차례 거듭된 화 산 폭발로 완전히 묻혀버렸다고 한다.

'철학자의 탑'에 서면 에트나산의 정상(3,329~3,369m, 화산이 폭발 할 때마다 조금씩 달라진다)이 눈앞에 우뚝하다. 몇 개의 거대한 분화 구가 자웅을 겨루듯 솟았지만, 꼭대기는 모두 구름에 가려 좀체 모 습을 드러내지 않았다. 2002년에 분출한 바르바갈로 분화구Crateri Barbagallo의 능선길을 따라 하산을 시작했다. 아직도 붉은 기운이 선 명한 이 분화구의 남쪽 비탈에서는 유황 냄새 가득한 증기가 쉴 새 없이 뿜어져 나온다. 잠깐 그곳을 지나는데도 온기가 확연히 느껴졌 다. 언제 터져도 이상하지 않을, 진짜 살아 있는 화산임을 실감케 한 다. 실제로 한 달 후쯤에 에트나 화산이 또 폭발했다는 뉴스를 들었 다. 그리스 신화에 따르면 제우스가 에트나산 아래에 가둬둔 거대 괴물 티폰Typhon이 움직일 때마다 에트나산의 용암이 분출하고 지진 까지 일어난다고 한다.

바르바갈로 분화구의 남사면에서 점심식사하는 트레커들

바라바갈로 분화구 남사면의 급경사 내리막길. 공포와 쾌감을 동시에 맛봤다.

내려가는 발걸음은 역시 가볍고 빠르다. 바르바갈로 분화구의 급경사 남사면을 미끄러지듯 빠른 속도로 내려올 때는 공포와 쾌감을 동시에 느꼈다. 발목까지 빠지는 화산 쇄설물이 완충 작용을 해서 넘어지거나 굴러도 다치지는 않을 성싶었다. 이 비탈길만 내려서면 완만히 흘러내린 평지길에 들어선다.

보베 계곡 전망대 Belvedere Valle del Bove 의 움푹한 바위 아래에 옹기종기 앉아서 꿀맛 같은 점심을 먹었다. 보베 계곡 Valle del Bove 은 에트나산의 동남쪽 자락에 형성된 함몰 지형이다. 약 8,000년 전에 대규모 산사태로 한쪽이 푹 꺼지면서 길이 7km, 너비 5.5km의 이 말발굽형 계곡이 생겨났다고 한다. 우리나라 유일의 칼데라 평지인 울릉도 나리분지와 아주 비슷하다.

늦은 점심까지 먹고 나니 발걸음이 한결 가뿐하다. 걸어온 만큼의

울릉도 나리 분지 같은 칼데라 평지인 보베 계곡

길을 더 걸을 수 있을 정도로 에너지가 재충전된 느낌이다. 풀 한 포기 없는 제주 중산간의 오름 지대 같은 풍경 속을 한참 동안 걷다가 봉긋한 기생 화산의 두루뭉술한 허리를 가로지르니 출발지인 상부 승강장이 눈앞에 보인다. 정상 턱밑까지 오를 거라는 애초 약속보다 크게 단축된 일정이지만, 아쉬움은 남지 않았다. 내 체력과 기호에 딱 맞는, 기분 좋고 가슴 뿌듯한 트레킹이었기 때문이다.

바다 전망이 탁월한 고대 도시, 타오르미나

에트나 화산 트레킹을 다녀온 뒤로 시칠리아에 대한 관심과 흥미가 갑자기 줄어든 듯했다. 역시 하이라이트는 맨 뒤에 배치하는 것이 맞다. 그래도 우리의 여행을 멈출 수는 없다. 카타니아에서 자동차로 1시간 거리의 타오르미나Taormina를 찾았다. 타오르미나의 역사는 이웃 도시 낙소스Naxos에서 시작되었다.

낙소스는 아그리젠토와 함께 시칠리아에 가장 먼저 건설된 그리스의 식민지였다. B.C. 734년에 그리스 에우보에아섬의 칼키스에서 건너온 사람들이 낙소스를 세웠다. 그리스 본토에서 아테네 주도의 델로스 동맹과 스파르타 주도의 펠로폰네소스 동맹 간에 펠로폰네소스 전쟁Peloponnesian War, B.C. 431~B.C. 404이 벌어지자 시칠리아의 그리스 도시들도 두 진영으로 나뉘어 대립했다. 펠레폰네소스 동맹의 일원이던 시라쿠사의 디오니시오스 1세는 낙소스를 포함한 델로스 동맹의 도

고대 극장 전망대에서 바라본 타오르미나 전경. 왼쪽 뒤편의 에트나산 정상은 구름에 가려졌다.

시들을 공격했다. 결국 B.C. 403년에 낙소스는 무참히 파괴됐고, 간신히 살아남은 시켈족 주민은 근처 타우로산Monte Tauro, 378m 중턱으로 삶터를 옮겼다. 뒤이어 낙소스를 탈출한 그리스 난민들은 먼저 정착한 시켈족과 함께 B.C. 358년에 타우로메니온Tauromenion을 건설했다. 이 그리스 도시는 로마 시대에 들어와 시칠리아의 주요 도시 중 하나로 발전했고, 중세시대에는 휴양지로 널리 알려졌다.

해발 204m의 해안절벽 위에 올라앉은 타오르미나의 중심 거리는 코르소 움베르토 Corso Umberto 다. 이탈리아 왕 움베르토 1세재위 1878~1900의 이름을 따서 붙였다. 1440년에 세워졌다는 카타니아 성문 Porta Catania과 1808년에 건설된 메시나 성문Porta Messina 사이를 가로지르는 보행자 전용 거리다. 800m가량의 이 거리만 걸어도 타오르미나 대성당Duomo di Taormina, 시계탑Torre dell'Orologio, 4월 9일 광장Piazza IX Aprile, 산 주세페 교회Chiesa di San Giuseppe, 성 아고스티노 교회 공립 도서관 Biblioteca Comunale Ex Chiesa Sant'Agostino, 알렉산드리아의 성 카타리나 교회 Church of Saint Catherine of Alexandria 등 타오르미나의 문화유산을 거의 다 둘러볼 수 있다.

산 니콜로 디 바리 대성당Parrocchia di S. Nicolò di Bari 으로도 부르는 타오르미나 대성당은 중세시대인 13세기의 건축물이다. 크고 거칠게 다듬은 돌을 쌓아 만든 외벽만 보면 성당이 아니라 튼튼한 요새 같다. 대성당 내부는 타오르미나에서만 생산된다는 핑크 대리석으로 깎은 기둥과 아랍 양식이 도입된 목조 천장으로 이뤄져 있다. 이곳에서도 시칠리아 특유의 문화융합을 엿볼 수 있다.

타오르미나의 중심 거리인 코르소 움베르토

　대성당 광장의 분수Fontana di Piazza Duomo도 그냥 지나칠 수 없다. 1635년에 세워진 이 바로크 양식의 분수는 '네 개의 분수'라는 뜻의 콰트로 폰타네Quattro Fontane라고도 부른다. 네 모서리에 배치된 해마 입에서 물이 나오기 때문이다. 분수대 꼭대기에는 반인반수의 켄타우루스Centaurus 상이 서 있다. 이 켄타우루스의 얼굴이 여성이라는 점, 그녀 두 손에 권력과 권위의 상징인 지구본과 홀笏이 들려 있다는 점이 매우 흥미롭다.

　코르소 움베르토 거리는 내가 걸어본 이탈리아의 어느 거리보다 깨끗했다. 나뒹구는 쓰레기도 눈에 띄지 않을뿐더러 거리의 상점들도 하나같이 밝고 세련됐다. 길을 걷는 내내 마음까지 즐거워졌다. 이

타오르미나나 대성당과 대성당 광장의 분수

거리의 중간쯤에는 여전히 제 역할을 다하는 중세시대 시계탑Torre dell'Orologio이 있다. 아래에는 아치형 문이 뚫려 있어서 포르타 디 메조 Porta di Mezzo(중간문)라고도 부른다.

시계탑을 지나면 타오르미나에서 가장 넓은 평지인 4월 9일 광장에 들어선다. 이 지명은 19세기 이탈리아 통일 전쟁의 영웅인 주세페 가리발디 Giuseppe Maria Garibaldi, 1807~1882와 관련됐다. 당시 프랑스 부르봉 왕조의 지배하에 있던 시칠리아를 해방하기 위해 그가 붉은 셔츠단 Camicie Rosse을 이끌고 1860년 4월 9일에 마르살라Marsala로 상륙할 것이라는 소식이 시칠리아에 퍼졌다. 하지만 가리발디가 시칠리아 서쪽 끝의 마르살라항에 도착한 때는 그 해 5월 11일이라고 한다. 광장 주

타오르미나 대성당 내부의 핑크 대리석 기둥과 목조 천장

4월 9일 광장의 입구인 시계탑과 바로크 양식의 산 주세페 교회

아드리아해와 에트나산이 한눈에 들어올 만큼 조망이 빼어난 타오르미나 고대 극장

변에는 바로크 양식의 산 주세페 교회, 고딕 양식의 성 아고스티노 교회 공립 도서관 등의 오래된 건축물도 있지만, 그보다는 아드리아해의 상쾌한 조망에 더 마음이 끌렸다.

타오르미나를 찾는 관광객의 최종 목적지는 '타오르미나 고대 극장Teatro Antico di Taormina'이다. 헬레니즘 시대인 B.C. 3세기에 타오르미나의 전경이 한눈에 들어오는 산등성이에 이 반월형 극장이 처음 건설되었다. 로마 시대에 들어와 원형 극장으로 더 크게 확장됐기 때문에 그레코-로만 극장Teatro Greco-Romano이라고도 부른다.

타오르미나 고대 극장의 수용 인원은 5,400명이라고 한다. 이곳을 연극 공연장으로 활용한 그리스인과는 달리, 로마인은 주로 검투사의 결투장으로 사용했다. 방치되다시피 한 중세시대 이후에는 개인 주거지가 일부 구역에 들어서기도 했다. 원형을 되찾은 지금은 오페라, 음악 등의 예술 공연이 종종 열린다. 이곳에서 공연을 직접 보지는 못했지만, 시칠리아 고대 유적 최고의 조망은 마음껏 누렸다. 북쪽으로 길게 뻗은 해안선의 끝자락에는 영화 〈대부〉를 촬영한 사보카Savoca 마을도 아스라이 보였다. 남쪽으로는 타오르미나에서 낙소스를 거쳐 카타니아까지 이어지는 해안선이 물결처럼 굽이치고, 그 앞의 아드리아해는 영롱한 비취빛으로 일렁거렸다. 에트나 화산의 정상까지 오롯이 보인다는 점도 빼놓을 수 없는 매력이다.

독일의 괴테는 《이탈리아 기행》에서 타오르미나에 대해 "자연과 문화가 어우러져 빚어낸 이루 말할 수 없이 훌륭한 작품"이라고 표현했다. 프랑스의 모파상도 "타오르미나의 모든 것은 마치 인간의 눈과 정신, 그리고 상상력을 유혹하기 위해 만든 것처럼 보인다"며 찬사를 아끼지 않았다. 잠시나마 시들해진, 시칠리아 여행에 대한 나의 열정과 욕망도 타오르미나에서 오롯이 되살아났다.

영화 〈대부〉가 촬영된 외딴 마을, **사보카**

마피아의 본고장 시칠리아에 왔으니 영화 〈대부The Godfather〉의 주요 촬영지인 사보카Savoca 마을을 지나칠 수 없다. 타오르미나에서 자동차로 30여 분밖에 안 걸릴 정도로 가깝다. 카타니아와 메시나 사이의 바닷가를 달리는 E45고속도로에서 불과 3.7km 거리인데도 첩첩산중의 외딴 마을을 찾아가는 듯하다. 좁고 구불구불한 산길 끝에서 만난 마을은 스산하고 의기소침했다. 사람 사는 마을다운 활기가 느껴지지 않았다. 거리를 오가는 사람도 별로 눈에 띄지 않았다. 영화 〈대부〉의 암울한 분위기가 고스란히 재현된 듯했다.

해발 330m에 있는 사보카 마을은 12세기 당시에 시칠리아를 통치하던 노르만 왕조의 전략적 요충지로 처음 세워졌다고 한다. 주변 계곡과 해안이 한눈에 들어오는 산꼭대기에 자리 잡고 있어서 시칠리아 동부 해안의 방어에 중요한 군사기지였다. 마을의 가장 높은 곳에 자리 잡은 펜테푸르성Castello Pentefur이 당시 군사기지였다. 이 성은 한때 메시나 대수도원의 여름 별장으로도 사용됐다. 군사, 종교적으로 중요한 시설이었으나 여러 차례의 지진으로 붕괴해 지금은 폐허로 변

코폴라 감독의 조형물 옆에서 바라본 산 니콜로 교회. 오른쪽 꼭대기에는 펜테푸르성도 보인다.

이탈리아

펜테푸르성 아래의 마을 길에 남은 옛 성문

늦은 오후의 나른한 햇살을 받은 산 니콜로 교회

했다. 성 아래의 마을 길에도 당시의 성문과 성벽 일부가 남아 있다.

펜테푸르성 아래의 성문을 지나서 조금만 올라가면 13세기에 처음 건축된 산 니콜로 교회 Church of San Nicolo에 다다른다. 산골 마을의 작은 교회(성당)답게 외관이 소박하다. 내부에는 15세기에 제작했다는 성 루치아의 목각상이 눈길을 끈다. 출입문 위쪽의 외벽에도 성 루치아 상이 부착돼 있어서 성 루치아가 이 마을의 수호성인임을 알 수 있다. 이 교회는 영화 〈대부〉 1편에서 마이클 코를레오네(알 파치노 역)와 아폴로니아가 결혼식을 올리는 장면을 촬영한 장소로 유명해졌다. 영화가 개봉된 지 50여 년이 지난 지금까지도 영화의 한 장면처럼 결혼식을 올리는 싶어 하는 커플의 결혼식이 꾸준하게 이어진다고 한다.

사보카 마을에는 〈대부〉 촬영지가 또 있다. 17세기 말에서 18세기 초에 지어졌다는 팔라초 트리마르키 Palazzo Trimarchi라는 건물 1층에 자리한 바 비텔리 Bar Vitelli다. 1963년에 문을 열었으니 개업 10년 만에 세계적인 영화에 출연하는 행운을 얻은 셈이다.

우연히 아폴로니아를 보고 사랑에 빠진 마이클 코를레오네가 그녀 아버지에게 딸과의 결혼을 허락해달라며 부탁하는 장면을 바 비텔리에서 촬영했다. 마이클과 아폴리니아 가족의 첫 식사 모임 장면도 이곳에서 찍었다. 지금의 바 비텔리는 영화 속의 그곳과 크게 달라지지 않은 듯하다. 내부에는 영화 촬영 당시의 가구들과 당시 상황을 담은 사진이 전시돼 있다. 산 니콜로 교회가 바라보이는 바 비텔리 앞에는 〈대부〉를 연출한 프란시스 포드 코폴라 Francis Ford Coppola, 1939~ 감독의 실루엣 조형물도 세워져 있다.

바 비텔리의 입구.   영화 〈대부〉의 바 비텔리
왼쪽 자리에 마이클이 앉았었다.

　　사실 영화 속의 코를레오네는 가상의 가문이다. 그러나 시칠리아
의 팔레르모 근처에는 코를레오네 Corleone 라는 마을이 실제로 존재한
다. 동명의 원작 소설을 쓴 작가 마리오 푸조는 코를레오네라는 가문
이름을 그곳에서 따왔다고 한다. 루치아노 레지오, 토토 리이나, 베르
나르도 프로벤자노, 레올루카 바가렐라 등 나름 유명한 마피아 보스
들이 그곳 출신이라고 한다.

시칠리아의 관문, 메시나

　　일주일 동안 시칠리아를 한 바퀴 돌아서 시칠리아의 관문 메시나

에 다시 들어왔다. 정오 무렵에 카페리호를 타고 본토로 나갈 계획이라 느긋하게 메시나Messina를 둘러보기는 어려웠다. 구시가지 주변에서는 주차공간을 찾는 일조차 쉽지 않았다. 간신히 도로변의 유료 주차장에 차를 세우고 짧은 시티투어에 나섰다.

카타니아, 낙소스와 마찬가지로, 그리스의 칼키스에서 건너온 개척자들이 B.C. 8세기에 메시나를 세웠다. 처음에는 '낫'이라는 뜻의 그리스어인 '잔클레Zancle'라 불렀다. 메시나항의 자연 지형이 낫을 닮았기 때문이다. B.C. 5세기에는 메세네Messene로 이름이 바뀌었다. 메시나의 역사도 시칠리아 동부의 다른 그리스 식민지들과 크게 다르지는 않다. 다만 제1차 포에니 전쟁의 직접적인 원인을 제공한 도시라는 점이 특별하다.

당시 메시나는 마메르티니Mamertines라는 이탈리아 캄파니아 출신의 용병 집단에게 점령된 상태였다. 원래 이들을 고용해 시칠리아로 불러들인 사람은 시라쿠사의 폭군 아가토클레스였다. B.C. 289년에 아가토클레스가 사망한 뒤에도 용병들은 시칠리아에 그대로 남아 꾸준히 세력을 키웠다. 급기야 B.C. 288년에 메세나를 점령해 본거지로 삼은 마메르티니는 주변 지역과 지중해 무역선을 대상으로 약탈을 일삼았다. 그러다 B.C. 265년에 카르타고의 지원을 받은 시라쿠사의 히에론 2세 군대에게 패하자 로마에 도움을 청했다. 지중해의 패권을 놓고 카르타고와 경쟁하던 로마는 메세나를 지원하기로 결정했다. 제1차 포에니 전쟁(B.C. 264~B.C. 241년)이 시작된 것이다. 결국 전쟁에서 승리한 로마는 카르타고를 시칠리아에서 몰아냈고 전쟁 배상금까지 두둑히 챙겼다.

　현재 메시나의 가장 오래된 문화유산은 메시나 대성당Cathedral of Messina이다. 노르만족이 지배하던 1120년에 건축 공사를 시작해 1197년에 봉헌식이 거행됐다. 당시 봉헌식에는 시칠리아 왕국의 공동 통치자이자 부부인 신성로마 제국의 황제 하인리히 6세와 시칠리아의 여왕 콘스탄스 1세까지 참석할 정도로 성대했다. 이 대성당도 여러 차례의 지진과 전쟁으로 파괴되었지만, 최대한 원래 모습대로 재건됐다. 현재 건물은 1908년의 대지진과 제2차 세계대전 중의 폭격으로 피해

메시나 대성당 광장. 왼쪽부터 오리오네 분수, 종탑, 메시나 대성당이 자리 잡았다.

를 입은 뒤에 복구된 것이다.

메시나 대성당의 외관은 비교적 간결하고 규모도 커 보이지 않는다. 반면에 내부는 대단히 화려하고 장엄하다. 내부는 3개의 본당으로 나뉘어 있고, 각 본당은 13개의 기둥으로 구분돼 있다. 이 기둥들은 다양한 스타일의 장식과 아치로 이어져 있어서 매우 아름답다. 특히 세 개의 반원형 아프스를 장식한 모자이크화는 화려하고 정교하기 그지없다. 가운데와 오른쪽 것은 근래 복원됐지만 왼쪽 아프스의 모자이크화는 14세기에 만들어진 원본이다. 성경 속의 장면과 성인을 묘사한 이 모자이크는 금박과 여러 색깔의 유리조각으로 제작되어 빛에 따라 반짝거리기도 한다.

메시나 대성당의 종탑은 노르만 시대에 처음 세워졌다. 그러나 60m 높이의 현재 종탑은 1908년의 대지진 이후에 재건된 것이다. 이곳에는 세계에서 가장 크고 복잡하다는 기계식 천문 시계가 설치돼 있다. 프랑스 스트라스부르의 웅게러 Ungerer 사가 1933년에 제작한 천문 시계다. 매일 정오가 되면 시계 속의 다양한 동물과 장치가 차례대로 재미있는 장면을 연출한다.

대성당 광장에는 유럽에서 가장 아름다운 분수 중 하나로 꼽히는 오리오네 분수 Fontana di Orione 도 있다. 르네상스 시대인 1553년에 메시나의 상수도 시스템이 처음으로 완공된 것을 기념하기 위해 세워졌다고 한다. 미켈란젤로의 제자인 조반니 안젤로 몬토르솔리가 만든 작품이다. 꼭대기에는 그리스 신화에 거인 사냥꾼으로 등장하는 오리온과 그의 개 시리우스가 조각돼 있다. 오리온은 메시나의 창립자라

메시나 대성당 내의 아치 기둥과 아랍-비잔틴 스타일의 천장 장식

유럽에서 가장 아름다운 분수 중 하나로 꼽히는
오리오네 분수

고도 한다. 그 밖에 티베르강, 닐강, 에브로강, 카미니강을 각각 상징
하는 인물, 네 명의 인어, 돌고래를 탄 천사 등 다양한 인물도 정교하
게 표현돼 있다. 단순한 분수대라기보다 르네상스 시대가 낳은 또 하
나의 걸작을 보는 듯하다.

　어느덧 시칠리아를 떠날 시간이 다 됐다. 이 섬에서의 7일이 순식
간에 흘러갔다. 한 달을 쏘다녀도 다 알지 못할 만큼 시칠리아의 속내
는 웅숭깊었다. 아쉬움이 적지 않지만, 언젠가 기어이 다시 오리라 기
약하며 이탈리아 본토행 페리호에 올랐다.

발레 데이 템플 캠핑장(Camping Valle dei Templi)

'신전의 계곡 캠핑장'이라는 상호 그대로 아그리젠토 신전의 계곡과 가깝다. 신전의 계곡 서쪽 매표소인 포르타 퀸타Porta Quinta, 또는 Porta V 주차장이 찻길로 2.7km 거리에 있다. 텐트 캠핑사이트뿐만 아니라 롯지, 모바일홈, 게스트하우스, 튜브룸, 방갈로 등 다양한 숙박시설

발레 데이 템플 캠핑장의 롯지

과 수영장, 피자리아 등의 편의시설을 두루 갖추었다. 우리는 더블룸 2실에 거실, 화장실, 싱크대까지 갖춰진 롯지를 이용했다. 이탈리아 본토 캠핑장의 이용료보다 이 롯지 숙박료가 더 저렴했다. 시칠리아의 숙소 요금은 전반적으로 저렴해서 나머지 5박도 모두 부킹닷컴에서 검색한 숙소를 이용했다.

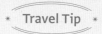

⊛ 이탈리아 본토의 빌라 산 지오반니와 시칠리아의 메시나 사이의 카페리호는 20분 간격으로 운항한다. 배표는 다이렉트 페리즈 Direct Ferris, 어페리 aFerry 등의 어플로 예약하거나 여객선 터미널, 그 주변

의 담배 가게 등에서 구매할 수 있다. 왕복표를 구매할 경우에는 돌아오는 표를 잃어버리지 않도록 주의해야 한다.

⊛ 나폴리 중앙역과 시칠리아의 팔레르모, 메시나역 사이에는 트렌이탈리아Trenitalia 열차가 운행한다. 열차를 카페리 여객선에 통째로 싣고 바다를 건넌다. 1일 왕복 편수가 극히 적으므로 예매하는 것이 좋다. 트랜이탈리아 홈페이지(www.trenitalia.com)에서 예약이 가능하다.

⊛ 시칠리아에는 열차, 시외버스 등 대중교통도 잘 갖춰져 있다. 열차역과 주요 관광지를 편하게 이어주는 연계버스도 저렴하게 이용할 수 있다. 간혹 현금만 받는 버스도 있으므로 현금을 미리 챙겨 다니는 것이 좋다.

⊛ 에트나 화산 트레킹은 Ashara Etna, Go-Etna, Etna Est, Excursions Etna 등 전문업체의 여러 프로그램 가운데 자신의 조건에 맞춰 선택한다. 우리는 Ashara Etna의 '에트나 사우스 서밋 크레이터 트레킹'을 이용했다. 투어비 60유로, 케이블카+사륜구동 차량 이용료 60유로를 합해 120유로를 지불했지만 기상악화로 사륜구동 차량을 이용하지 못해 10유로는 환불받았다. 겟 유어 가이드 어플로 예약했다.

빌라 산 지오반니 항에 도착한
카페리호

트레킹 신청자에게 무료 개방되는
Ashara Etna의 전용 주차장

⊛ 시칠리아 전통 요리 중 하나인 아란치니 Arancini는 우리 입맛에도 잘 맞는다. 속을 채운 쌀볼을 빵가루로 덮어서 튀긴 음식으로 겉은 바삭하고 속은 부드럽다. 동글동글하고 바싹한 크로켓 같다.

아란치니

⊛ 시칠리아는 해안선 길이가 1,484km나 되고, 섬을 한 바퀴 도는 해안도로의 길이도 1,000km가 넘는다. 제대로 둘러보려면 렌트카를 이용하는 것이 가장 편리하고 효율적이다.

시칠리아 E90고속도로의 한 휴게소

⊛ 내가 시칠리아에서 보낸 일주일은 턱없이 짧은 일정이었다. 시칠리아의 자연과 역사유적을 제대로 둘러보려면 최소한 열흘 이상 머물러야 한다. 이번에 빠뜨린 곳들 가운데 세게스타 신전Tempio di Segesta, 몬레알레 대성당Cattedrale di Monreale, 팔라조 아드리아노 마을Palazzo Adriano(영화 〈시네마천국〉 촬영지), 아그리젠토의 백색 해안절벽 Scala dei Turchi, 카살레의 빌라 로마나Villa Romana del Casale(고대 로마의 모자이크 타일 벽화), 알칸타라 식물 및 지질 공원Gole Alcantara Botanical and Geological Park, 시라쿠사 아르키메데스의 무덤Tomba di Archimede(고대 채석장) 등은 반드시 찾아볼 작정이다. 밀라초항Porto di Milazzo에서 여객선을 타고 불카노Vulcano섬에 가서 거대한 분화구를 둘러보는 그란 크라테레Gran Cratere 트레일도 빼놓지 말아야겠다.

거칠고도 아름다운
'북해의 알프스'

노르웨이

로포텐
제도

'세상에서 가장 아름다운 어촌' 레이네 마을

Lofoten Islands

나의 노르웨이 첫 여행지는 나르비크 Narvik 였다. 아득한 학창 시절에 '노르웨이 최북단의 부동항 ice free port'이라고 배운 기억이 아직도 또렷한 바로 그곳이다. 노르웨이 수도인 오슬로에서 직선거리로 1,000km 넘게 떨어진 이 항구 도시를 항공편이 아닌 육로로 방문했다. 그 전날에 스웨덴 키루나 Kiruna 근처 알타야르비 Alttajärvi 호숫가의 캠핑장에서 하룻밤을 묵은 뒤 아비스코 국립 공원 Abisco National Park에 들렀다가 비가 부슬부슬 내리는 국경을 넘어 나르비크에 도착했다.

국경에서 나르비크까지의 거리는 약 40km밖에 되지 않는다. 나르비크는 노르웨이의 항구 도시이면서도 애초부터 스웨덴 키루나의 노천 광산에서 채굴한 철광석을 수송하기 위해 스웨덴-노르웨이 연합 왕국 시절인 1870년대에 개발됐다. 당시 키루나 노천 광산의 엄청난 철광석을 수송하기에 마땅한 항구가 없었던 스웨덴은 노르웨이의 나르비크항을 이용하기 위해 철광석 운반용 철도까지 직접 부설했다.

나르비크는 노르웨이의 여느 도시와 다름없이 깔끔하지만, 일부러 찾아갈 만한 명소나 관광지는 별로 없다. 6~8월 여름철의 매일 오후

1시, 저녁 9시에 한 번씩 높이 75m의 물줄기를 쏘아 올리는 나르비크 간헐천Narvik geyser의 전망대만 들러봤다. 시간이 맞지 않아 물벼락을 맞지는 못했지만, 나르비크 시내가 한눈에 들어오는 조망은 오롯이 즐길 수 있었다. 호수 같은 바다 저편으로 흰 눈을 머리에 인 로포텐 제도의 산줄기가 또렷이 보였다. 그 광경을 바라보노라니 괜스레 달 뜨기 시작했다. 로포텐 제도는 아주 오래전부터 마음에 담아둔 여행 지였다. '세상에서 가장 아름다운 어촌'이라는 수식어가 붙는 레이네 Reine의 전경을 담은 사진 한 장이 내 마음을 송두리째 훔쳤다.

나르비크에서 레이네가 있는 로포텐 제도로 가는 길의 들머리 는 낯설지 않았다. 노르웨이에서 두 번째로 길다는 할로갈란드교 Hålogaland Bridge, 총 길이 1,533m를 건너 스토미라Stormyra 교차로까지의 약

간헐천 전망대에서 바라본 나르비크 시내. 뒤쪽 멀리 흰눈 쌓인 로포텐 제도가 보인다.

7km 구간은 전날 오후에 지나온 길이기 때문이다. 이 교차로에서 만나는 E10도로만 따라가면 여러 섬과 다리를 지나 내 마음속의 레이네 마을도 만나고 로포텐 제도의 맨 끝에 있는 오 Å 마을에도 도착한다. 지도상으로는 가까워 보이지만, 실제로는 340여 km의 머나먼 길이다. 적어도 1박 2일의 여정으로 느긋하게 달려야 한다.

총 길이 850km의 E10도로는 스웨덴의 룰레오 Luleå에서 시작해 키루나를 거치고 국경을 넘어서 노르웨이의 로포텐 제도를 관통한다. 그 가운데서도 노르웨이와 스웨덴 국경에 있는 릭스그렌센 Riksgränsen에서 로포텐 제도 맨 끝의 오 마을에 이르는 노르웨이 구간의 E10도로는 '올라프 왕의 길 Kong Olavs Veg'이라 부른다. 이 구간을 여러 차례 방문한 올라프 5세 Olav V, 1903~1991 (현 국왕인 하랄 5세의 아버지) 국왕을 기

처음부터 끝까지 그림 같은 풍경 속으로 달린 E10도로의 로포텐 제도 구간

리기 위해 붙인 이름이다.

E10도로는 세계적으로도 손꼽히는 명품 드라이브 코스다. 특히 처음부터 끝까지 바다를 끼고 달리는 로포텐 제도 구간은 그림처럼 아름다운 풍경이 숨돌릴 틈조차 없이 잇달아 나타난다. 바닷가 언덕에는 동화 같은 집들이 드문드문 자리 잡았고, 초승달 모양의 백사장에는 투명한 바닷물이 찰랑거린다. 제철을 만나 흐드러지게 피어난 야생화 꽃밭이 찻길을 따라 한참 동안 이어지기도 한다. 밝고 화사한 색깔로 치장한 집과 어선들은 동화 속 풍경을 자아낸다. 대체로 마을과 바다의 풍경은 유순한 반면, 마을 뒤편의 산봉우리들은 위압적이다. 오랜 세월에 걸친 빙하 침식으로 산세가 무척 가파르기 때문이다.

로포텐 제도의 E10도로는 2007년에 완전히 개통했다. 노르웨이 본토와 로포텐 제도를 연결하는 첼드순드교Tjeldsund bru에서 오 마을에 이르기까지 총 270여 km에 달한다. 두 지점 사이의 직선거리는 120km에 불과한데도 주로 바닷가를 달리는 E10도로는 여러 섬과 마을을 두루 이어주느라 두 배 넘게 길어졌다. 전 구간이 다리와 터널로 연결돼 있어서 배를 탈 일은 전혀 없다.

로포텐 제도의 E10도로는 길 자체만으로도 여행의 목적이 충분히 될 수 있음을 여실히 보여주는, 내 인생 최고의 드라이브 코스다. 노르웨이 정부가 지정한 국립 경관 도로Norwegian Scenic Routes 18곳 중 하나이기도 하다. 눈에 들어오는 풍경은 하나같이 비현실적으로 독특하면서도 아름답다. 길을 달리는 내내 자신도 모르게 탄성과 감탄사가 쉼 없이 터져 나온다. 차창 밖으로 스쳐 가는 풍경이 너무 아쉬워서 잠시 차를 멈춰 세우고 망연히 바라보기를 수없이 되풀이한다. 그런 운전자를 위해 무료 주차가 가능한 공터나 쉼터가 E10도로변 곳곳에 설치돼 있다. '잠깐 쉬다 가자'는 마음으로 차를 세우지만, 발길과 눈길을 놓아주지 않는 풍경들로 계획된 시간보다 훨씬 오래 머물게 마련이다.

빙하 침식으로 생겨난 6개의 큰 섬과 수많은 작은 섬이 북해 바다에 보석처럼 흩뿌려져서 로포텐 제도를 이룬다. 차가운 북해를 끼고 있는 이 지역의 대표 산업은 냉수 어종의 하나인 대구를 잡는 어업이다. 전 세계적으로도 가장 규모가 큰 대구 어장이 매년 로포텐 제도의 주변 해역에 형성된다. 이곳의 대구잡이는 용맹한 바이킹족이 북유럽과 북아메리카 일대를 휘젓고 다니던 중세시대부터 지금까지 꾸준히 이어지고 있다.

대형 마트에 들러 캠핑장에서 먹을 부식을 구입하기 위해 로포텐 제도의 중심 도시이자 중간쯤에 있는 스볼베르 Svolvær에 들렀다. 인구 5,000명 내외의 스볼베르에는 공항을 비롯한 각종 편의시설, 은행, 쇼핑몰, 행정

길쭉하게 뻗은 로포텐 제도의 중간쯤에 위치한 레크네스(Leknes) 마을

로포텐 제도의 중심 도시인 스볼베르의 부둣가 풍경

기관, 여행사 등 근린생활 시설이 빠짐없이 들어서 있다. 이 작은 항구 도시의 거리와 부둣가는 정교하게 배치되고 관리되는 세트장처럼 깔끔했다. 부둣가를 서성거리는 동안에도 항구 특유의 비린내는 거의 나지 않았다.

로포텐 제도를 여행하는 내내 파란 하늘이 드러나는 때보다도 잔뜩

흐리거나 비가 부슬부슬 내리는 시간이 압도적으로 많았다. 날씨도 몹시 변덕스러웠다. 주룩주룩 비가 내리다가도 금세 무지개가 뜨고 환한 햇살이 쏟아지는가 하면, 그 반대로 쾌청하던 하늘에 갑자기 먹구름이 몰려와 비를 뿌리는 경우도 적지 않았다. 해양성 기후 지역 특유의 변화무쌍한 날씨로 로포텐 제도의 로드 트립은 한층 드라마틱해졌다.

마침내 스볼베르에서 120km쯤을 달려와 레이네 마을에 도착했다. 그 직전에 잠깐 들른 함노이 Hamnøy 마을에서는 앨프리드 히치콕 감독의 영화 〈새 The Birds, 1966〉의 한 장면이 연상되는 '봉변'도 당했다. 느닷없이 갈매기의 공격을 받은 것이다. 물론 나는 갈매기에게 위협이 될 만한 행동을 전혀 하지 않았다. 함노이 마을의 풍경을 조용히 카메라에 담고 있었을 뿐이다. 정말 어처구니없고 황당한 일이었다. 갈매기는 몇 차례의 직접적인 공격이 무위에 그쳤는데도 한동안 내 주변을

함노이 마을에서 갑자기 나를 공격하는 갈매기

맴돌며 위협 비행을 계속했다.

레이네 마을 초입에 자리 잡은 아니타스 시푸드 Anitas Seafood에서 갈매기가 나를 공격한 이유를 짐작할 수 있었다. 대구, 고등어, 연어 등 노르웨이의 대표 수산물을 취급하는 이 가게에서는 뜻밖에도 갈매기의 알을 1개당 39NOK(약 5,000원)에 팔고 있었다. 갈매기는 닭이나 오리 같은 가금류가 아니다. 근처 어딘가의 둥지에서 어미 갈매기 몰래 가져온 것이 틀림없다. 함노이 마을에서 나를 공격한 그 갈매기도 내가 알을 훔치러 온 파렴치한 인간으로 보인 것이다.

레이네 마을은 과연 아름다웠다. 지구 구석구석을 샅샅이 둘러봐도 더 아름다운 곳이 나올 수 없을 성싶었다. 그야말로 아름다운 어촌의 결정판이다. 하지만 내가 본 사진 속의 풍경은 보지 못했다. 그 사진을 촬영한 마을 뒷산인 레이네브링엔 Reinebringen에 오르지 않았

레이네 마을의 선착장에 접근하는 여객선

모스케네스 마을의 호수 같은 앞바다에 떠 있는 배들

기 때문이다. 약 2시간 동안 올라야 하는 등산로가 제법 험한 데다가
일정도 빠듯해서 지레 포기하고 말았다. 두고두고 후회막급한 결정이
었다. 다시 로포텐 제도에 가게 된다면, 그건 순전히 레이네브링엔에
올라 레이네 마을의 전경을 보기 위해서일 것이다.

세상에서 가장 아름다운 어촌 레이네에서 E10도로가 끝나는 오
마을까지는 자동차로 10분 남짓 걸린다. 그 중간쯤에 있는 모스케네
스 Moskenes에는 노르웨이 본토의 보되 Bodø 항으로 오가는 카페리 여
객선의 선착장이 자리 잡았다. 선착장 바로 앞의 캠핑장에서 하룻밤
더 묵을 계획이었지만 빈 자리가 없어서 발길을 돌렸다. 일단 오 마을
까지 둘러보고 체류 여부를 결정하기로 했다.

오 마을의 건어물 박물관에 전시된 대구잡이용 전통 어선과 어구들

'로포텐 제도의 땅끝 마을'인 오 마을의 'Å'(오)는 노르웨이 알파벳의 마지막 글자인 Å에서 따왔다. 알파벳 한 자에 한 음절뿐인 마을 이름이 세상에 또 있을까. 마을 이름도, 실제로 눈앞에 펼쳐진 마을 풍경도 '오~'라는 감탄사가 절로 터져 나온다.

오 마을의 바닷가 언덕과 바위에 지어진 집은 대부분 로포텐 제도의 전통 가옥인 로르부어 Rorbuer다. 기초가 되는 기둥은 파도와 해일의 피해를 막기 위해 수면이나 지면보다 훨씬 높게 세우고, 벽체는 짙은 안개 속에서도 쉽게 눈에 띄도록 짙은 빨강(버건디)으로 채색한 가옥이다. 대구 잡는 겨울철에 어부들의 숙소로도 사용하는 로르부어는 대구잡이 철이 아닌 때에는 관광객을 위한

E10도로의 서쪽 끝에 있는 오 마을의 전통가옥 로르부어

전통가옥 체험 숙소로 활용되기도 한다.

오 마을에는 노르웨이 어촌 박물관Norwegian Fishing Village Museum Å과 로포텐 건어물 박물관Lofoten Tørrfiskmuseum이 있다. 유럽에서 가장 오래된 대구 간유 공장이기도 한 어촌 박물관에는 1850년부터 지금까지 대구 간을 삶아서 램프 연료, 비누나 페인트의 원료로 쓰이는 대구 간유를 만들고 있다. 창고 건물을 리모델링한 건어물 박물관에는 전통적인 대구잡이 어구와 어선, 각종 어로 장비 등이 전시돼 있다. 1844년에 지어졌다는 빵집에서는 여전히 전통 방식의 오븐으로 계피 롤빵을 굽는다. 그밖에 보트 하우스, 우체국, 어부의 오두막, 식료품점 등도 녹록지 않은 역사를 이어오고 있다.

오 마을을 뒤로하고 다시 모스케네스 마을로 발걸음을 옮겼다. 오 마을까지 둘러보고 나니 로포텐 제도를 떠나도 될 성싶었다. 마침 선착장 매표소에 들러 당일 출항하는 보되행 카페리호에 자리가 있음을 확인했다. 자정쯤에 출발하는 배 시간이 많이 남아서 선착장 주변의 바닷가를 어슬렁거렸다. 밤 10시가 훌쩍 넘었는데도 우리나라의 일몰 직후처럼 날이 훤하다. 막상 이 마을을 떠나려고 하니 진한 아쉬움이 가슴 깊이 밀려왔다.

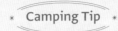
해머스태드스게이트 캠핑장(Hammerstadsgate Camping)

E10도로 옆의 바닷가에 있는 캠핑장으로 스볼베르에서 자동차로 약 10분 거리다. 규모는 작은 편이지만 캐빈, 텐트 사이트, 캐러밴 사이트가 층층이 계단식으로 조성돼 있다. 샤워실과 화장실, 취사장 등 편의시설은 공간이 협소해서 줄을 서서 이용하는 경우도 있다. 더욱이 샤워장은 미리 코인을 구입해서 사용해야 한다. 전반적으로 시설 수준은 낮은 편이지만, 주변 풍광이 워낙 좋아서 하룻밤쯤 묵을 캠핑장으로 추천할 만하다.

해머스태드스게이트 캠핑장 상공의 무지개

모스케네스 캠핑장(Moskenes Camping)

카페리 선착장 근처의 바닷가 언덕에 자리 잡았다. 전체 규모가 제법 큰 편이고 샤워실, 화장실, 공용 주방 등 각종 편의시설과 캠핑 사이트,

모스케네스 선착장에 도착한
보되발 카페리 여객선

모스케네스 캠핑장의 텐트 사이트

캐러밴, 캐빈 등의 숙박시설을 다양하게 갖추었다. 특히 바다 전망이 좋다. 운이 좋으면 앞바다에서 헤엄치는 범고래도 볼 수 있다고 한다.

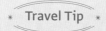

* Travel Tip *

⊛ 노르웨이 본토에서 로포텐 제도로 가는 직항 항공편이 가장 많은
곳은 보되 공항Bodø Airport이다. 로포텐 제도의 레크네스 공항, 스볼
베르 공항으로 가는 직항 여객기가 대략 4시간 간격으로 매일 수
차례 출발한다. 비행 소요시간은 약 30분.

⊛ 로포텐 제도 최고의 천연 전망대인 레이네브링엔 트레킹 코스는
왕복 2.8km가량 된다. 가파른 계단과 비교적 험준한 지형을 거쳐
410m 고도를 올라야 한다. 결코 만만치 않은 코스이므로 날씨가
좋지 않은 날은 가급적 피하는 게 좋다. 구글지도에도 표시된 레

이네브링엔 출발 지점 Reinebringen stistart에서 정상까지는 1시간 30분 ~2시간이 소요된다.

🌸 로포텐 제도에는 '작은 트롤퉁가'라고도 부르는 라이텐 Ryten이라는 트레킹 코스도 있다. 트롤퉁가처럼 허공에 살짝 돌출된 바위에 걸터앉아서 크발비카 해변 Kvalvika Beach, 베스테르비카 해변 Vestervika Beach 등의 절경을 감상할 수 있다. 특히 이곳에서 바라보는 일몰이 장관이다. 이 트레킹 코스는 왕복 6.8km에 3시간 안팎이 소요된다.

🌸 로포텐 제도에서 비교적 저렴하고 간단하게 먹을 수 있는 음식은 역시 햄버거다. 특히 소고기 패티와 훈제 연어가 푸짐하게 들어간 연어 버거가 독특하면서도 맛있다. 레이네 마을의 아니타스 시푸드 레스토랑에서 맛볼 수 있다.

로포텐 제도의 별미인 연어 버거

🌸 로포텐 제도의 대표 특산물인 대구를 이용한 별미로 바칼라오 Bacalao를 빼놓을 수 없다. 원래 포르투갈 요리이지만, 이곳의 바칼라오는 소금에 절인 대구가 주재료로 쓰인다. 토마토소스, 올리브, 감자, 양파 등의 다양한 재료와 함께 조리해 짭짤하면서도 깊은 풍미가 느껴진다. 스볼베르의 바칼라오 바 Bacalao Bar가 맛집으로 유명하다.

로포텐 제도 방식의 바칼라오

세상에서 가장 아름답고
짜릿한 드라이브 길

노르웨이

10

아틀란틱
오션 로드

아틀란틱 오션 로드의 랜드마크인 스토르세이순드교

Atlantic Ocean Road

      로포텐 제도의 모스케네스에서 일몰 시각(오후 11시 42분) 전인 오후 11시에 출발한 카페리 여객선은 약 3시간 반 만에 보되 Bodø에 도착했다. 위도가 북위 67도대인 이 지역의 여름밤은 3시간도 안 된다. 새벽 3시쯤 배에서 나왔는데 이미 날이 훤하다. 다음 목적지인 아틀란틱 오션 로드 Atlantic Ocean Road (노르웨이어 Atlanterhavsvegen)까지는 900km가 넘는다. 배에서 제대로 눈을 붙이지는 못했지만 몸이 피곤하지는 않아서 곧장 남쪽을 향해 달렸다.

    보되항에서 150km가량 떨어진 북극권 센터 Arctic Circle Center (북위 66도 33분)에 잠시 들렀다가 루피너스 만발한 강변에 있는 스베닝달 캠핑장 Svenningdal Camping에서 하룻밤 묵었다. 그래도 남은 여정이 만만치 않다. 아름다운 건축물이 많기로 유명한 항구 도시 트론헤임 Trondheim의 이곳저곳을 둘러본 뒤 근처 바닷가에 자리 잡은 오이샌드 캠핑장 Øysand Camping에 여장을 풀었다. 이튿날 아침부터 부슬비가 내리는 길을 3시간쯤 달려 아틀란틱 오션 로드의 관문인 크리스티안순 Kristiansund에 도착했다.

7월 초에도 많은 눈이 쌓여 있는 노르웨이 북극권 센터

4개의 큰 섬으로 이루어진 크리스티안순은 인구가 24,000명쯤 되는 항구 도시다. 대구잡이 대형 트롤 어선과 북해 유전 관련 선박의 전진 기지이기도 하다. 특별한 관광지는 없어도 조용하고 정갈한 거리와 부두가 매우 인상적이었다. 부둣가에 도착하기 전 해발 78m의 언덕에 자리한 바덴Varden 전망대에 올랐다. 1742년부터 1892년까지 등대로 사용된 이 전망대의 맨 위층에서는 360도 파노라마뷰를 감상할 수 있다. 여러 섬에 둘러싸인 항구는 마치 어느 호반 도시처럼 평온해 보였다.

크리스티안순 전경이 한눈에 들어오는 바덴 전망대

크리스티안순의 명물로 세계에서 가장 오래된 여객선 운송 회사라는 '순드보텐Sundbåten'의 여객선을 빼놓을 수 없다. 1876년에 설립한이 선사의 작은 여객선 순드보트Sundbåt를 이용하면 크리스티안순의큰 섬 4곳을 무료로 건너다닐 수 있다. 여객선 2척이 섬과 항구 사이를 수시로 들락거린다. 2005년부터 운항했다는 앙빅Anvik 호는 모던스타일인 반면, 2012년부터 운항했다는 프람네스Framnæs 호는 오히려 백년도 더 되었을 성싶은 앤틱 스타일의 여객선이다.

크리스티안순에서 아틀란틱 오션 로드로 가려면 길이 5.727km의 대서양 터널Atlantic Ocean Tunnel을 통과해야 한다. 착공한 지 3년 만인2009년에 준공된 이 터널은 해저 250m를 통과한다. 우리나라 보령

해저터널의 55m, 가덕 해저터널의 48m에 비해 훨씬 더 깊은 바다 밑을 가로지른다. 2022년 6월까지만 해도 이 터널을 이용하려면 적잖은 통행료를 내야 했지만 이제는 돈을 받지 않는다.

대서양 터널을 지나온 64번 도로를 타고 20여 분 더 달리면 8개 교량을 잇는 8.274km 길이의 아틀란틱 오션 로드에 들어선다. 영국의 〈가디언〉지는 이 길을 '세상에서 가장 아름다운 드라이브 길'로 꼽기도 했다. 특히 집채만 한 파도가 쉼 없이 밀려드는 날의 풍경이 압권이어서 자동차 메이커들의 테스트 도로로도 종종 활용된다. 2021년에 개봉한 007시리즈 영화 〈노 타임 투 다이 No Time to Die〉를 비롯한 영화나 CF의 촬영지로도 인기가 높다. 나 역시 대우자동차에서 2010년에

세계에서 가장 오래된 운송 회사인 '순드보텐'의 여객선 프람네스

출시한 SUV 윈스톰의 광고 영상에서 이 도로의 존재를 처음 알았다. 8개의 교량 구간을 포함해 서쪽 종점의 부드 Bud 마을까지 총 36km 쯤 이어지는 해안도로 Atlanterhavsvegen 는 노르웨이의 국립 경관 도로 Norwegian Scenic Routes 18곳 중 하나로도 지정돼 있다.

아틀란틱 오션 로드는 1983년에 공사를 시작해 1989년에 준공됐다. 6년 동안의 공사 기간 중에 무려 12번이나 엄청난 폭풍 피해를 입었다고 한다. 준공된 뒤로 10년 동안 유료 도로였다가 1996년 6월부터 무료 도로로 바뀌었다. 이 도로의 8개 다리 가운데 가장 독특하고도 멋진 풍광을 보여주는 곳은 스토르세이순드교 Storseisundet Bridge 다.

아틀란틱 오션 로드의 중간쯤에 있는 스토르세이순드교는 일명 '술 취한 다리'로도 부른다. 길이는 260m밖에 안 되지만, 다리 아래로 어선들의 통행을 원활히 하기 위해

링홀멘 주차장(무료)과 카페 겸 휴게소 건물

스토르세이순드교 부근의 산책로

중앙부의 높이를 최대 23m까지 불쑥 솟구치게 만들었다. 다리 연결 도로도 반듯하지 않은 데다 좌우 상하로 굴곡이 매우 심해서 뒤틀린 것처럼 보인다. 아틀란틱 오션 로드에서 촬영한 영상이나 사진에는 대부분 이 다리가 담겼다.

스토르세이순드교를 제외한 나머지 교량과 도로는 생각보다 평범했다. 바람과 파도가 잔잔한 날이어서 그런지는 몰라도, 영화나 CF 영상 속의 아틀란틱 오션 로드처럼 역동적이고 드라마틱한 광경은 볼 수 없었다. 그래도 잠시 걸음을 멈추고 이 길의 독특한 풍경과 정취를 음미해보는 마음의 여유는 가져볼 만하다.

'이곳을 언제 다시 찾을 수 있을까' 싶은 생각으로 실망감을 꾹꾹 누른 채 스토르세이순드교 직전의 링홀멘 주차장Lyngholmen Parking에 차를 세웠다. 바로 옆에는 검은 돌로 쌓은 석축 형태의 건물이 있다. 자연환경의 훼손을 최소화하는 형태로 지어진 이 건물은 카페 겸 휴게소다. 바깥쪽 벽에는 물고기 모양의 창이 뚫려 있고, 지붕 위에는 산책로가 나 있는 점이 매우 특이하다. 700m가량 이어지며 한 바퀴 돌아오는 이 산책로에는 스토르세이순드교가 가장 역동적으로 보이는 전망 포인트도 있다.

스토르세이순드교를 건너면 곧바로 훌바겐교Hulvågen Bridges에 들어선다. 길이가 293m로 아틀란틱 오션 로드에서 제일 긴 이 다리의 초입에는 스킵스홀멘 주차장Skipsholmen Parking이 있다. 그곳에 차를 세워두고 다리 양옆에 설치된 인도교에서 낚시를 즐기는 사람이 적지 않다. 때마침 열두어 살 돼 보이는 소년이 낚시 바늘에 걸린 고등어 2마리를 힘겹게 끌어 올리는 광경도 볼 수 있었다. 소년의 상기된 얼굴을 보니 몸부림치는 고등어들의 저항력이 만만치 않은 듯했다.

아틀란틱 오션 로드의 서쪽 종점에서 가장 가까운 도시는 몰데 Molde 다. 아틀란틱 오션 로드가 끝나는 삼거리에서 45km를 달리면 인구 32,000여 명(2022년)의 이 작은 도시에 당도한다. 몰데 시내로 들어가기 전에 자동차로 바르덴 Varden, 404m 정상에 올랐다.

몰데의 뒷동산이나 다름없는 바르덴 정상에는 몰데 파노라마 Molde Panorama 가 있다. 몰데 시내와 주변의 피오르 fjord, 그리고 무려 222개의 산봉우리가 한눈에 들어올 만큼 조망이 빼어난 곳이다. 호수처럼 잔잔한 롬스달피오르 Romsdalsfjord 바다에는 숱한 섬이 점점이 흩어져 있고, 그 바다 저편에는 히말라야 설산처럼 높고 하얗고 뾰족한 산봉우리들이 파노라마처럼 펼쳐진다. 두 눈 뜨고 바라보면서도 꿈꾸는 것처럼 몽환적이고 비현실적인 풍경이다.

훌바겐교의 인도교에서 낚시하던 소년이 고등어 2마리를 끌어올리는 광경

몰데 파노라마 전망대에서 바라본
몰데 시내와 롬스달피오르

비욜스타드 캠핑장(Bjølstad Camp & Hytter)

아틀란틱 오션 로드에서 몰데로 가는 길의 바닷가에 있다. 호숫가 같은 피오르 바닷가의 완만한 비탈에 자리 잡았다. 캠핑장은 넓은 편이지만 텐트 칠 만한 공간은 다소 제한적이다. 특히 편의시설과 가까운 곳은 캠핑카와 텐트 사이트가 치열하게 자리 다툼하는 곳이다. 화장실과 샤워실, 취사장도 넉넉지 않은 편이다. 게다가 샤워장 이용료를 10NOK나 받는다. 사실 노르웨이 캠핑장의 샤워장은 대부분 유료로 이용해야 한다. 텐트가 없는 사람을 위한 캐빈이 9개 동에 이르고, 동력 보트나 자전거 보트도 유료로 빌려 탈 수 있다.

피오르 물가의 비탈에 자리 잡은
비욜스타드 캠핑장

바다 전망이 좋은 비탈에 자리한 캐빈

✦ 도로가 얼어붙는 겨울철이나 바람과 파도가 거센 날에 아틀란틱 오션 로드를 지날 때는 각별히 교통법규를 엄수하고 과속하지 말고 무리하지 말아야 한다.

✦ 아틀란틱 오션 로드에는 링홀멘 주차장 이외에도 6~7곳의 무료 주차장이 더 있다.

✦ 몰데의 Molde Ferry Pier 선착장과 Vestnes Ferrydock 간의 Midfjorden을 오가는 카페리 여객선의 운항 간격은 낮에 15분, 아침과 저녁은 30~45분, 야간에는 90분이다. 편도 30여 분이 소요된다. 편도 운임(2024년 기준)은 성인 54NOK, 승용차 157NOK다.

✦ 노르웨이 피오르의 카페리 여객선은 모든 편의시설이 아주 고급스럽고 깨끗하며 편안하다. 신선하고 맛있는 음식과 음료를 다양하게 판매하는 선내 매점에는 쾌적한 식탁과 좌석이 갖춰져 있다. 승객을 위한 선실과 휴게실도 좋다.

피오르 카페리 여객선

피오르 여객선 내의 매점

뇌 르 웨 이

Trollstigen - Ge

11

트롤스티겐 – 게이랑에르 국립경관 도로

노르웨이의 모든 것을
만나는 '꿈길'

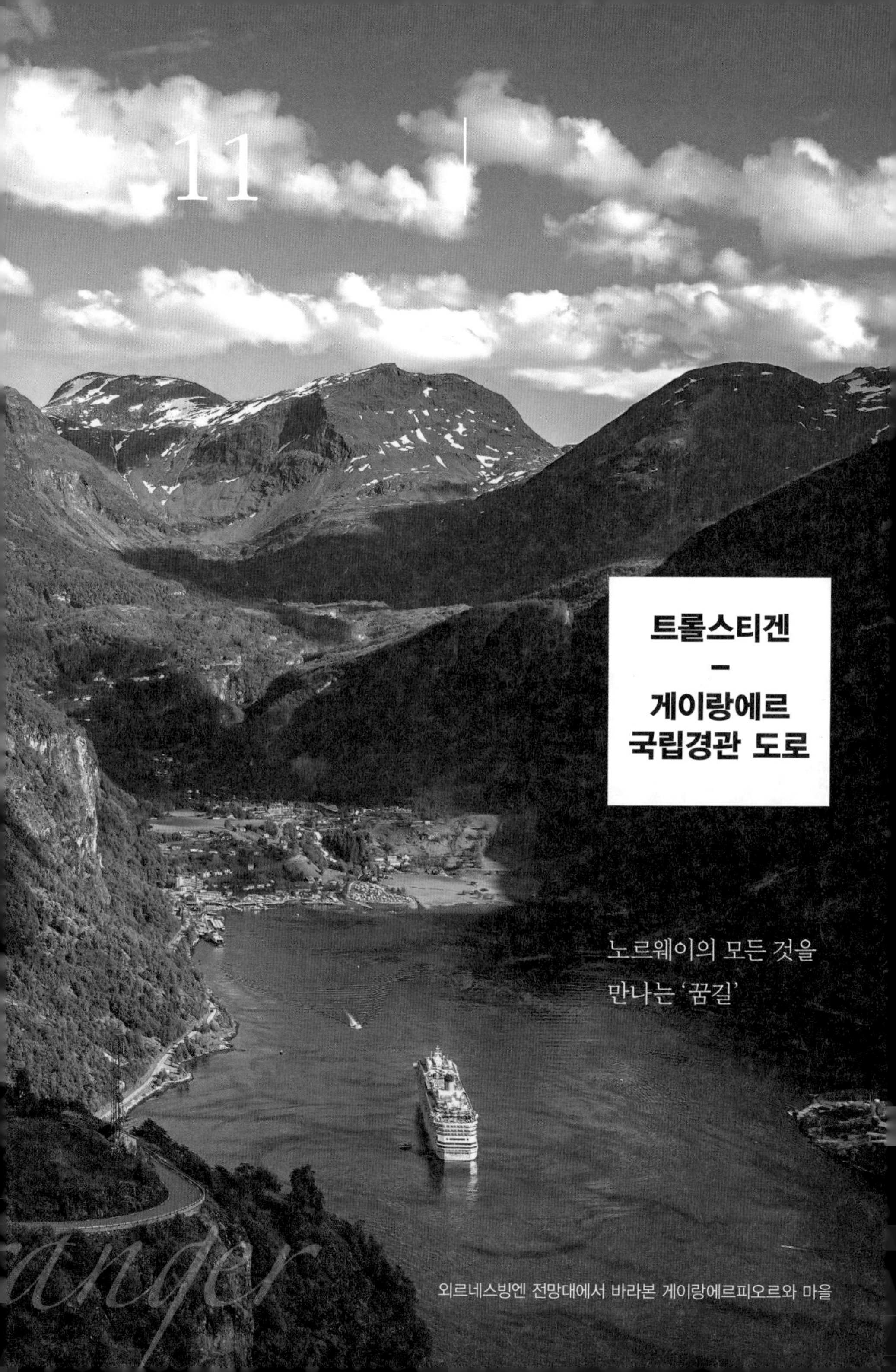

외르네스빙엔 전망대에서 바라본 게이랑에르피오르와 마을

Trollstigen-Geiranger

노르웨이를 여행하다 보면 '트롤Troll'이 앞에 붙은 지명을 종종 발견하게 된다. 트롤퉁가, 트롤월, 트롤스티겐, 트롤베겐, 트롤반 등이 그것이다. 트롤은 북유럽 신화에 등장하는 인물이다. 몸무

트롤스티겐 외곽 전망대. 헤어핀 도로와 빙하 협곡이 한눈에 들어온다.

게는 무려 1톤 가까이 되는 데다가 수명도 300년이 넘는다는 거인이다. 제주도의 설문대할망 같은 수호신이다.

'트롤'이 붙은 노르웨이의 경승지 가운데 트롤스티겐을 맨 처음 만났다. 노르웨이 여행을 북쪽에서 시작했기 때문이다. 노르웨이에는 총 18개의 국립 경관 도로가 지정돼 있는데, 그중 가장 인기 있는 것이 '트롤스티겐-게이랑에르Trollstigen-Geiranger' 구간의 63번 도로다. 길이가 104km에 이르는 이 구간에서는 피오르, 폭포, 빙하협곡과 절벽, 습지, 빙하와 빙하호, 빙원氷原 등 노르웨이의 자연이 보여주는 모든 것을 다 만날 수 있다.

11굽이의 지그재그 고갯길, **트롤스티겐**

노르웨이어 '스티겐stigen'은 '사다리'라는 뜻이다. '거인의 사다리'라는 뜻의 트롤스티겐은 실제로 거대한 사다리 모양의 고갯길이다. 오랜 세월의 빙하 침식으로 형성된 롬스다렌Romsdalen 계곡의 가파른 산비탈을 오르내리기 위해 11굽이의 헤어핀 도로가 지그재그로 만들어졌다. 1936년에 개통한 이 길을 지나는 동안에는 빙하 녹은 물이 거대한 폭포를 이루며 힘차게 쏟아지는 장관도 바로 옆에서 감상할 수 있다. 특히 스티그포스 다리Stigfossbrua 아래를 통과하는 스티그포센 폭포Stigfossen가 압권이다.

구절양장의 고갯길을 힘겹게 올라서면 잠시 숨을 돌릴 만한 공간

트롤스티겐 외곽 전망대에서 바라본
톰스다렌 계곡과 스티그포센 폭포

이 나타난다. 트롤스티겐 방문자 센터 앞의 넓은 주차장에 차를 세워두고 트롤스티겐 외곽 전망대Trollsteigen Outer Viewpoint 까지 가볍게 산책하기에 좋다. 방문자 센터 건물과 전망대, 그 밖의 인공 구조물들이 철과 콘크리트로 만들었는데도 삭막한 느낌이 들지 않는다. 오히려 개성 넘치고 감각적인 디자인으로 완성된 예술 작품으로 보인다.

아찔한 절벽에 위태롭게 올라앉은 전망대에서는 'U' 자형의 빙하협곡과 헤어핀 고갯길, 수십 미터 높이의 폭포 등이 한데 어우러진 경관이 오롯이 조망된다. 특히 거대한 운석구처럼 푹 꺼진 협곡이 장관이다. 억겁의 세월 동안 아주 천천히 흘러내리며 이처럼 압도적인 경관을 빚어낸 빙하의 위력에 경외감마저 느껴진다.

트롤스티겐에서 63번 도로를 따라 게이랑에르 방면으로 40~50분 달리면 린게 페리 선착장Linge Ferry Pier에 도착한다. 그곳으로 향하는 도

트롤스티겐과 딸기 마을 발달 사이의 빙원 지대를 달리는 63번 도로

중에 '딸기 마을'로 유명한 발달 Valldal 근처의 도로변에서 싱싱한 딸기를 파는 노점이 눈에 들어왔다. 열대여섯 살 되어 보이는 소녀가 수줍게 미소 지으며 딸기를 팔고 있었다. 소녀의 부모가 직접 농사를 짓는다는 딸기밭이 바로 옆에 보였다. 우리 돈으로 5천 원 정도 주고 노르웨이 농가의 직판 딸기 한 팩을 구매했다. 우리나라에서 한겨울에 맛보는 설향 딸

발달 마을 근처의 딸기 직판점

기에는 미치지 못했다. 하지만 한여름에도 눈이 녹지 않는 노르웨이에서 막 밭에서 수확한 딸기를 맛본다는 것은 특별한 경험이었다.

세계에서 가장 깊고 풍광도 빼어난 피오르, 게이랑에르피오르

린게 선착장을 출발한 카페리 여객선은 15분 만에 에이즈달 선착장 Eidsdal Ferjekai에 도착했다. 그곳에서 다시 20분쯤 더 가면 외르네스빙엔 전망대 Ørnesvingen Viewpoint에 당도한다. 최고의 피오르 전망대라는 명성에 걸맞게 주변 도로와 작은 주차장은 많은 차로 북새통

을 이뤘다. 이 전망대에서는 송네피오르 Sognefjorden, 하당에피오르
Hardangerfjord와 함께 노르웨이 3대 피오르로 손꼽히는 게이랑에르피
오르 Geirangerfjorden 의 웅장한 풍광이 눈앞에 펼쳐졌다. 깎아지른 절벽,
절벽 곳곳에서 쏟아지는 폭포, 절벽 꼭대기의 산봉우리에 희끗한 만
년설, 비좁은 협곡 사이의 피오르 바다를 떠가는 크루즈 여객선….

게이랑에르피오르와 네레위피오르 Nærøyfjord를 포함한 노르웨이의
서부 피오르 West Norwegian Fjords 는 2005년에 유네스코 세계자연유산으
로도 등재됐다. '세계에서 가장 길고 가장 깊으며 가장 경관이 뛰어난
피오르'라는 가치를 인정받은 것이다. 게이랑에르피오르는 올레순
앞바다에서 시작되는 스토르피오르 Storfjorden 와 연결된다. 스토르피
오르의 길이는 90km, 게이랑에르피오르는 16km쯤 된다. 게이랑피
오르의 맨 안쪽에 자리한 게이랑에르 마을에서 배를 타고 올레순까
지 가려면 폭 600~1,200m, 길이 100여 km의 좁고 깊은 피오르를 항
해해야 한다. 이 피오르의 수심은 300~1,000m나 되기 때문에 10만
톤이 넘는 초대형 크루즈도 게이랑에르 마을까지 거뜬히 들어올 수
가 있다.

게이랑에르 마을은 인구 250명가량의 작은 마을이다. 가파른 산자
락에 둘러싸인 이 마을은 대형 산사태가 발생할 경우 순식간에 밀려
드는 쓰나미로 적잖은 피해가 예상된다고 한다. 그래서 마을 안에는
긴급 상황을 알리는 경보 시스템이 설치돼 있다. 우리나라에서도 개
봉한 노르웨이의 재난 영화 〈더 웨이브 The Wave, 2015년〉의 배경 마을로
설정되기도 했다.

게이랑에르 마을의 주민 대부분은 호텔, 캠핑장, 레스토랑 등의 관광업에 종사한다. 마을 자체는 워낙 규모가 작아서 딱히 볼거리는 없다. 마을 위쪽의 63번 도로 옆에 있는 플뤼달슈베트 Flydalsjuvet 전망대에서 '소냐 여왕의 의자 Dronning Sonjas stol'에 앉아 게이랑에르피오르를 굽어보거나 유서 깊은 옛 농장인 스카게플러 Skageflå 까지의 오솔길 트레킹을 즐기는 것 말고는 별로 할 게 없다. 사실 이곳에서는 하는 것이 없어도 시간은 쏜살처럼 흐른다. '산멍', '물멍', '배멍' 등 멍 때리기만으로도 금세 하루가 다 간다.

게이랑에르피오르의 장관을 제대로 감상하려면 배를 타는 것이 상책이다. 관광 보트를 이용할 수도 있지만, 게이랑에르 마을과 헬레쉴트 Hellesylt 선착장 사이 약 20km 거리의 피오르를 운항하는 카페리 여객선만 타도 일곱 자매 폭포 Seven Sisters Waterfall , 구혼자 폭포 Suitor

캠핑장 앞의 데크에 걸터앉아서 크루즈 여객선을 바라보는 연인

외르네스빙엔 전망대에서 바라본
일곱 자매 폭포와 여객선

전망 좋은 절벽 위에 설치된
'소냐 여왕의 의자'

시워크로 하선하는 크루즈 여객선의 승객들

Waterfall, 브링에 폭포 Bringefossen, 악마의 틈새 Devil's Crevice 등 절경을 빠
짐없이 구경할 수 있다. 마치 하늘에서 여러 가닥의 폭포가 쏟아져 내
리는 듯하다. 하지만 피오르의 폭이 좁고, 양옆의 산자락조차 거의 수
직 절벽이라 시야가 답답하다는 느낌도 든다. 그럼에도 그곳을 떠나
온 지 며칠만 지나면 아련한 그리움이 파도처럼 밀려든다.

동화 속 마을 같은 항구 도시, 올레순

트롤스티겐-게이랑에르 국립 경관 도로 여행의 시작, 또는 끝 지점으
로는 올레순 Ålesund이 제격이다. 트롤스티겐에서 자동차로 1시간 40분
남짓, 거리는 110km쯤 되는 도시다. 땅 넓은 노르웨이에서 그 정도의

거리는 이웃 도시나 다름없을 정도로 가깝게 여겨진다. 더욱이 올레순을 출발해 트롤스티겐과 게이랑에르를 거쳐 다시 올레순으로 돌아오는 라운드 트립 Round Trip 드라이브도 가능하다.

7개 섬으로 이루어진 올레순은 베르겐 못지않게 아름다운 항구 도시다. 색감이 화려하면서도 사치스러워 보이지는 않는, 노르웨이 특유의 알록달록한 집들로 가득하다. 이른바 '화이불치 華而不侈', 절제된 화사함이라 오래 봐도 싫증 나지 않는다. 집들마다 하나같이 반듯하고 깔끔하다. 사람 사는 집이 아니라 동화 속 요정이나 살 법하다. 그런 집들을 한 자리에 다 모아놓은 듯한 풍경을 볼 수 있는 도시 중의 하나가 바로 올레순이다.

올레순에 들어서자마자 악슬라 전망대 Aksla Utkikkspunkt에 올랐다. 이 도시의 독특한 아름다움을 가장 생생하게 엿볼 수 있는 곳이다. 걸어가면 418개의 계단을 힘겹게 올라야 하는데, 우리는 자동차를 타고 전망대까지 곧장 오르는 방법을 택했다.

악슬라 전망대에 올라서자 19세기 말과 20세기 초 사이에 유럽과 미국에서 유행했다는 '아르누보 art nouveau' 양식의 건물들이 눈길을 사로잡았다. 군더더기 하나 없이 깔끔하고 실용적이면서도 감각적인 디자인의 건물들이 도시 전체에 빼곡하다. 밀집해 있는데도 답답해 보이지 않는다. 대부분의 건물이 너무 높거나 우람하지 않은 데다가 건물과 건물 사이에 조성된 운하와 숲이 숨통을 확 트여준다. 더군다나 주변의 섬들이 방파제처럼 에워싸고 있어 도시 전체가 편안하고 푸근해 보였다. 오래도록 진득하니 눌러 살고 싶다는 생각이 들었다.

악슬라 전망대에서 바라본 올레순의 아르누보 건축물과 항구

올레순 구시가지를 여행 중인 노부부 관광객

그란데 히테레이지 캠핑장(Grande Hytteutleige og Camping)

주변 풍광으로만 보면 내가 지금껏 이용한 유럽의 150여 개 캠핑장 가운데 최고가 아닐까 싶다. 폭 600m가량의 피오르 바닷가에 있어서 이따금씩 오가는 초대형 크루즈선이 이 캠핑장의 멋진 배경이 되기도 한다. 특별한 일을 하지 않고 캠핑장 앞바다를 항해하는 배들만 바라봐도 지루하지 않고 재미있다.

게이랑에르 캠핑장(Geiranger Camping)

게이랑에르 마을의 선착장 근처에 자리한 캠핑장이다. 마트, 여객선 터미널 등의 편의시설이 가까이에 있어서 편리한 반면에 다소 번잡하다. 사이트는 선착순으로 배정한다.

피오르 물가의 잔디밭에 조성된
그란데 히테레이지 캠핑장

게이랑에르 선착장 가까이의
게이랑에르 캠핑장

트롤스티겐-게이랑에르 국립경관 도로

⊛ 63번 도로의 트롤스티겐 구간(11굽이 헤어핀 도로)은 늦가을부터 초봄 사이의 적설기에는 임시 폐쇄된다. 그 기간에는 미리 통행 여부를 확인한 뒤에 찾아가는 것이 좋다.

⊛ 게이랑에르 마을의 노르웨이 피오르 센터 Norwegian Fjord Centre 주변에는 빙하 녹는 물이 장쾌하게 쏟아지는 폭포를 감상하기에 좋은 '게이랑에르 폭포 산책 Fossevandring Geiranger' 코스가 개설돼 있다. 데크 탐방로와 전망대가 설치돼 있어서 1시간 내외의 코스를 가볍게 섭렵할 수 있다.

⊛ 게이랑에르 마을 위쪽의 63번 도로를 타고 '소냐 여왕의 의자' 입구를 지나서 고갯마루를 넘어서면 작은 호수가 바라보이는 자리에 있는 듀바시타 Djupvasshytta 호텔이 오른쪽에 보인다. 여기서 왼쪽 길로 들어서면 통행료를 받는 요금소(비수기에는 전망대 휴게소에서 징수)를 곧바로 만나는데, 이 길이 해발 1,500m의 달스니바 전망대 Dalsnibba Utsiktspunkt 까지 이어진다. 게이랑에르피오르를 조망하는

게이랑에르 폭포 산책의 출발지인 노르웨이 피오르 센터(왼쪽 화살표 모양의 건물)

게이랑에르피오르 전경이 한눈에 들어오는 달스니바 전망대 ⓒVisit Norway

가장 높은 전망대다. 주변에는 만년설이 가득하고, 이따금 여름철에 눈 내리는 광경을 볼 수도 있다. 다만 통행료(승용차 300NOK=약 38,000원)가 만만치 않다.

✸ 여름철인 6~8월에는 후티루텐Hurtigruten 사의 연안 여객선이 베르겐(첫날 20:00)을 출발해 올레순(둘째날 08:45)을 거쳐서 게이랑에르(13:25)까지 들어왔다가 되돌아서 올레순(18:15), 몰데(21:45)를 경유해 트론헤임(셋째날 08:30)까지 운항한다. 이 여객선을 타고 올레순과 게이랑에르 사이를 오갈 수 있다는 뜻이다.

✸ 게이랑에르와 헬레쉴트 사이의 페리호는 5~10월에만 하루 4회(6~8월은 8회)씩 왕복 운항한다. 1시간 10분 남짓 이 배를 타고 있는 동안에는 세계적인 여행 전문지〈론리플래닛〉이 '스칸디나비아 최고의 여행지'로 꼽은 게이랑에르피오르의 절경을 빠짐없이 구경할 수 있다.

✸ 트롤스티겐에서 게이랑에르로 가려면 린게 페리 선착장Linge Ferry Pier과 에이즈달 선착장Eidsdal Ferjekai 사이를 운항하는 카페리호를 이용해야 한다. 운항시간은 매일 06:15~23:15, 소요시간은 15분 내외다. 편도 승객 요금은 30~45NOK, 차량 요금은 64NOK(길이 6m 이하).

헬레쉴트행 카페리 여객선의 갑판에서 게이랑에르피오르의 절경을 감상하는 승객들 　린게 페리 선착장에서 승선 대기 중인 자동차들

노르웨이

Preikesto

12

프레이케스톨렌

톰 크루즈 영화의
대미를 장식한 수직 절벽

Preikestolen

프레이케스톨렌은 노르웨이 3대 절경 가운데 가장 만족도가 높은 곳이다. 무엇보다도 접근성이 좋다. 노르웨이 제4의 도시이자 석유 산업의 중심지인 스타방에르에서 자동차로 40~50분만 달리면 프레이케스톨렌 베이스캠프 Preikestolen Base Camp에 도착한다. 여기서 2시간 남짓 걸으면 프레이케스톨렌의 장관을 감상할 수 있다. 몇 번의 짧은 오르막을 만나지만, 전반적으로는 난이도가 높진 않아서 초등학생 어린이도 쉽게 오르내릴 만하다.

새벽 6시 정각에 해발고도 270m의 프레이케스톨렌 베이스캠프를 출발했다. 해발고도를 334m 더 높여야 프레이케스톨렌에 도착할 수 있다. 해가 뜬 지도 벌써 1시간 넘게 지난 시간이어서 날은 대낮처럼 밝다. 트레킹을 시작하자마자 만난 첫 번째 오르막은 약 15분 만에 올라섰다. 곧바로 들어선 넓고 평평한 암반 지대는 조망이 시원스럽다. 바로 아래의 호수 Revsvatnet 와 프레이케스톨렌 베이스캠프가 훤히 내려다보인다. 저 멀리 스타방에르 시내의 고층 건물들도 아스라이 보였다.

다시 숲으로 짧게 이어지던 길은 넓은 습지를 가로질러 제법 가파른 돌계단으로 접어든다. 출발한 지 약 1시간 만에 이 돌계단을 올라서면 전체 4km 가운데 반 이상은 지나온 셈이다. 조금 더 걸어가니 쉼 없이 꿈틀거리는 안개 사이로 뤼세피오르의 바다가 언뜻언뜻 보인다.

출발한 지 1시간 20분쯤 만에 2개의 작은 호수Tjødnane와 비상 대피소 Preikestolen nødbu가 설치된 지점에 도착했다. 커다란 배낭을 짊어진 여성 캠퍼 둘이 아름다운 주변 풍광을 스마트폰 카메라에 담느라 여념이 없다. 프레이케스톨렌 주변에 텐트를 치고 하룻밤 보낸 뒤 하산하는 사람들이다. 호수 옆의 바위에 말뚝처럼 박힌 이정표는 최종 목적지까지 1,000m만 남았음을 알려준다.

300m를 더 올라간 지점의 바위틈에서 솟아나는 석간수로 목을 축인 뒤 짧은 데크로드를 지나 300m 길이의 마지막 오르막 구간에 들어섰다. 완만한 경사의 슬랩slab(표면이 매끄럽고 넓은 바위)을 약 5분 동안

프레이케스톨렌 하이킹 코스의 첫 번째 오르막을 지나서 만나는 암반 지대

조심스레 올라섰더니 보면서도 믿기지 않을 장관이 눈앞에 펼쳐졌다.

칼로 뚝 잘라낸 듯한 수직 절벽 위로 난간도 없는 바윗길이 쭉 이어졌다. 강줄기처럼 길게 휘어진 뤼세피오르에서는 솜사탕 같은 구름이 몽실몽실 피어올랐다. 아득한 저 산 위에는 만년설이 희끗하고, 피오르와 맞닿은 산비탈에는 포소노 폭포 Fossånå fossen 가 장쾌하게 쏟아져 내렸다. 프레이케스톨렌 직전의 이 풍광만으로도 숨이 멎을 듯하고 가슴은 터질 것만 같았다. 갑자기 뒤쪽에서 나타난 사람들이 그 위태로운 벼랑길을 질주했다. 때마침 열린 트레일 러닝 대회의 반환점이 프레이케스톨렌이란다.

'프레이케스톨렌 Preikestolen '은 '강단講壇'을 뜻하는 노르웨이 말이다. '설교단 바위'라는 뜻의 영어 이름인 '펄핏락 Pulpit Rock '으로도 부른다. 강단이나 설교단처럼 높고 네모진 이 바위는 약 1만 년 전에 바위틈으로 스며든 물이 얼어 팽창하기를 거듭하면서 생겨났다고 한다.

노르웨이의 4대 피오르 중 하나인 뤼세피오르에 우뚝 솟은 프레이케스톨렌의 높이는 604m에 이른다. 우리나라에서 가장 높은

나무판자를 촘촘히 깔아놓은
습지 탐방로

프레이케스톨렌 탐방로에서 가장 힘든 구간인 돌계단

빌딩인 롯데월드 타워의 555m보다도 49m나 더 높다. 초당 9.8m 속도로 1분 남짓 자유낙하를 할 수 있는 높이인 셈이다. 실제로 이곳은 낙하산 하나만 짊어지고 절벽 아래로 몸을 던지는 베이스 점프 BASE jump 와 윙슈트 점프 Wingsuit jump 명소로도 유명하다. 2018년에 개봉한, 톰 크루즈 주연의 영화 〈미션 임파서블 : 폴아웃 Mission Impossible – Fallout〉의 마지막 장면을 촬영한 곳으로도 유명하다.

　프레이케스톨렌에 도착한 사람들은 영화 속의 주인공 톰 크루즈가 매달렸던 바위 끝에 걸터앉아 기념사진을 남겼다. 나도 한차례 자리를 옮겨가면서 바위 끝에 걸터앉았다. 안정된 자세를 취하는 순간, 갑자기 등골이 서늘해지는 듯했다. '누군가 나를 뒤에서 밀어버리면 어

프레이케스톨렌 직전의 수직 절벽

떡하지?'라는 생각이 문득 들었기 때문이다. 트롤퉁가보다 낮은 높이인데도 순간적으로 느끼는 전율과 공포는 훨씬 더 컸다.

트레일 러닝 대회의 반환점인 프레이케스톨렌은 다소 어수선했다. 오래 머물 수 없는 분위기여서 그곳을 관조하듯 바라볼 수 있는 위쪽으로 자리를 옮겼다. 드넓은 바위에 텐트가 하나 있는 걸 보면 캠핑이 가능한 곳인 듯하다. 역시 전망은 압도적으로 더 좋다. 네모반듯하게 잘려 나가 이름 그대로 강단이나 설교단처럼 생긴 바위가 온전히 시야에 들어온다. 호수처럼 고요한 뤼세피오르 협만과 그 주변의 마을과 산, 폭포까지 또렷이 조망된다.

세상을 잊은 듯 한참 동안 넋 놓고 눈앞의 풍광을 감상하다가 시시각각 눈에 띄게 늘어나는 인파를 피해 발길을 되돌렸다. 뿌듯한 성취감에 하산하는 발걸음이 날아갈 듯 가뿐했다.

빙하 침식작용으로 네모반듯하게 잘린 프레이케스톨렌

프레이케스톨렌 캠핑장(Preikestolen Camping AS)

프레이케스톨렌 베이스캠프로 가는 도로변에 있는 캠핑장이다. 내가 이용한 노르웨이 캠핑장 가운데 가장 규모가 크고 시설도 좋다. 총 4구역으로 이루어져 있는데, 구역 하나의 면적이 어지간한 캠핑장 한곳보다 더 크다. 워낙 사이트가 넓다 보니 텐트와 캠퍼 구역을 나누지 않고 마음에 드는 곳에 자리 잡으면 된다. 샤워 부스와 화장실도 넉넉하다. 사이트 곳곳에 수도가 설치돼 있는 점도 무척 편리하다. 리셉션에는 간식과 부식, 기본 일상 용품 이외에도 기념품, 기념 의류, 순록 가죽 등도 판매한다. 캠핑장 바로 옆에는 헬기장도 있다. 일정 인원만 되면 헬기 투어도 가능하단다. 전반적으로 대단히 쾌적하고 기분 좋은 캠핑장이다.

숲과 잔디밭뿐만 아니라 편의시설도 훌륭한 프레이케스톨렌 캠핑장. 드넓은 캠핑장 안에는 작은 연못도 있다.

프레이케스톨렌 베이스캠프(Preikestolen Base Camp)

프레이케스톨렌 하이킹의 출발지에 있는 종합 레저 숙박시설이다. 산장형 롯지 Mountain Lodge, 전통 농가 민박 Vatnegården, 전통 오두막 Preikestolhytta, 하이커스 캠프 Hiker's Camp 등에서의 숙박뿐만 아니라 골프장, 수상 사우나, 카약, 카누, 패들보드, 페달보트 등도 이용 가능하다. 트레킹이나 등산에 필요한 각종 장비와 의류도 대여해준다.

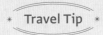

❋ Travel Tip ❋

- ❀ 매년 4~9월에는 스타방에르와 프레이케스톨렌 베이스캠프 사이에는 보레알 Boreal (www.pulpitrock.no), 고피오르 Go fjords (https://gofjords.com) 2개 회사의 버스가 수시로 왕복 운행한다. 편도 소요 시간은 약 45분.
- ❀ 프레이케스톨렌 베이스캠프와 프레이케스톨렌 사이의 왕복 8km, 4시간 이상이 소요되는 구간에는 화장실이 없으므로 하이킹을 시작하기 전에 미리 화장실에 다녀오는 것이 좋다.
- ❀ 비가 오거나 안개 낀 날에는 젖은 바위를 걷다가 미끄러지 않도록 조심해야 한다. 특히 낭떠러지에 바투 다가서는 일은 절대 금물이다.

노르웨이

_____

Trolltunga

13

트롤퉁가

700m 공중에 뜬
'트롤의 혀'

700m 높이의 트롤퉁가에서 연출된 감동의 프러포즈 광경

Trolltunga

트롤퉁가는 해발 1,100m의 깎아지른 절벽에 툭 불거진 바위다. 북유럽 전설 속의 거인인 '트롤'의 혀(퉁가)를 닮았다고 해서 그런 이름이 붙었다. 지상 700m 높이의 허공에 돌출된 이 거대한 바위는 1만 년 전쯤의 빙하기에 생겨났다고 한다. 프레이케스톨렌 Preikestolen, 쉐락볼튼 Kjeragbolten 과 함께 노르웨이 3대 절경, 또는 3대 트레킹 코스 중 하나로도 꼽힌다. 3곳 모두 빙하기에 형성된 자연 명소이고, 찾아가는 길이 만만치 않으며, 아찔한 전율과 스릴을 느낄 수 있다는 공통점이 있다.

트롤퉁가는 노르웨이 3대 절경 중에서도 가장 찾아가기 힘들다. 무엇보다도 주차장에서의 왕복거리가 만만치 않다. 프레이케스톨렌이 7.6km, 쉐락볼튼이 12.7km인 반면에, 트롤퉁가는 20km가 넘는다. 맨 위쪽의 모겔리톱 Mågelitopp 에 P3 주차장이 없던 몇 년 전만 해도 왕복 22km의 지루하고 힘든 길을 걸어야 했다. 특히 세게달 Skjeggedal 의 P2 주차장과 지금의 P3 주차장 사이에 편도 1km쯤 되는 비탈길은 트롤퉁가 트레킹 코스의 최대 난구간이었다. 매우 가파른 등산로는 질퍽거리

P3 주차장 바로 위쪽의 등산로 주변에서 캠핑하는 여성들

는 진흙길이어서 걷기도 힘들고 자칫하면 미끄러지기 십상이었다.

해발 831m 지점에 있는 P3 주차장 주변은 비교적 평평한 고원 지대다. 군데군데 형성된 습지에서 흘러내린 물줄기는 산 아래 주민의 식수원으로 활용된다. 이 넓은 고원에는 개인 별장으로 보이는 캐빈(통나무집) 몇 채가 드문드문 자리 잡았다. P3 주차장을 출발해 잘 정비된 탐방로를 1km가량 걸어가면 비탈길이 시작된다. P3 주차장에서 트롤퉁가 트레킹을 시작한 사람에게는 가장 힘든 구간인 그뤼테스카레트Gryteskaret 고개에 들어선 것이다. 트롬베스카Trombeskar까지 1.5km쯤 이어지는 이 오르막길에 올라서면 고도가 300m쯤 높아진다. 트롤퉁가보다 80m 더 높은 해발 1,180m의 트롬베스카 정상부터는 완만한 내리막길을 걷게 된다.

여기서부터 최종 목적지인 트롤퉁가까지 딱히 힘든 구간은 없다.

완만한 오르막과 내리막이 반복되기 때문에 조금 지루
하게도 느껴진다. 트롤퉁가 트레킹은 처음부터 끝까지
빙하 침식 지형 특유의 거칠고 황량한 풍경 속으로 이어
진다. 맑고 차가운 물이 흐르는 계류와 폭포, 작은 호수
와 웅덩이, 미처 녹지 않은 눈과 희끗희끗한 설산 등의
풍경이 그나마 눈요깃거리로 위안을 준다.

트롤퉁가 탐방로의 중간쯤인 5km(P3 주차장 기준) 지
점에는 플로렌 Floren 대피소, 7km 지점에는 엔도엔 Endåen
대피소가 있다. 급작스런 기상 악화나 천재지변이 발생
하면 누구나 이용할 수 있는 무인 비상 대피소 emergency
shelter다. 플로렌 대피소 근처에는 헬기 비상 착륙장
Trolltunga emergency helicopter site 도 있어서 긴급 구조 시스템
이 잘 갖춰진 듯하다.

트레킹을 시작한 지 약 4시간 만에 마침내 트롤퉁
가에 도착했다. 모루(대장간에서 불린 쇠를 올려놓고 두드
릴 때 받침으로 쓰는 쇳덩이) 모양의 이 바위는 인공 댐으
로 생긴 링에달스바트네트 Ringedalsvatnet 호수 위의 높이
700m 공중에 떠 있다. 이 바위로 내려가는 길 입구에 이
미 늘어선 대기줄이 빠른 속도로 길어졌다.

마침내 바위 끝에 다다른 사람들은 다양한 동작과
포즈로 인생샷을 남겼다. 만세를 부르거나, 배 깔고 엎드
린 채 아래쪽을 내려다보거나, 걸터앉아 망연히 호수를

그뤼테스카레트 고개를 넘어서자마자 만나는 호수. 7월 중순인데도 잔설이 두껍다.

트롤퉁가 탐방로의 중간쯤에 있는 플로렌 대피소

바라보거나, 물구나무를 서기도 하고⋯. 가장 감동적인 것은 한 남자
의 프러포즈 광경이었다. 프러포즈를 받은 여자는 감격에 겨워 눈물
을 흘리고, 사람들은 박수와 환호로 두 사람의 사랑을 축복했다.

　실제로 트롤퉁가 바위 끝에 서 보니 의외로 마음이 편안했다. 오히
려 사진으로 보는 것이 더 짜릿한 전율과 공포감이 느껴졌다. 사실 바
위 끝의 중앙부와 왼쪽은 위로 살짝 들려져 있어서 절대로 추락하지
않을 거라는 심리적 안정감을 느낄 수 있다. 하지만 2015년에 24세의
호주 멜버른 출신 여대생이 여기서 실족해 사망하기도 했으니 방심은
절대 금물이다.

　나는 트롤퉁가 바위의 오른쪽에 걸터앉았다. 아래쪽으로 살짝 기

울어져 있어서 스릴감이 극대화되는 자리다. 이곳에서 1시간 넘는 시간 동안 많은 사람을 지켜봤지만, 내 자리에 앉아서 기념촬영하는 이는 단 한 사람도 없었다. 아무튼 당시 현장에서는 공포심을 별로 느끼지 않았지만, 그 이후에 이 사진을 볼 때마다 모골이 송연해지는 느낌이 든다.

트롤퉁가로 내려가는 길 입구에서 차례를 기다리는 사람들

트롤퉁가 캠핑장(Trolltunga Camping)

트롤퉁가에서 가장 가까운 도시인 오다Odda의 샌드베바튼Sandvevatn 호숫가에 있는 캠핑장이다. '오다 캠핑장Odda Camping'으로도 부른다. 이 캠핑장에서 두 밤을 머문 것은 순전히 트롤퉁가에서 가장 가까운 캠핑장이라는 이유에서다. 트롤퉁가 트레킹의 출발지인 P2 주차장까지는 자동차로 약 20분 거리다. 호숫가에 있어서 풍광도 아름답지만, 전체 면적이 넓지 않아서 성수기에는 많은 이용객으로 북적거린다. 수용 인원에 비해 편의시설이 부족하고 캠핑비도 비싼 편이다. 자동차로 5분 거리에 힐달 캠핑장Hildal Camping도 있다.

샌드베바튼 호숫가에 자리한 트롤퉁가 캠핑장. 여름철에는 너무 붐빈다.

트롤퉁가 탐방로 주변에서의 캠핑

트롤퉁가 탐방로 주변에서도 캠핑할 수 있다. 단, 캠핑 금지 구역도 있으므로 탐방 안내도에서 반드시 확인한 뒤에 자리를 잡아야 한다. 4월 15일부터 9월 15일 사이에는 캠핑하면서 모닥불을 피우면 안 된다.

◉ P2 주차장에서 출발할 경우에 트롤퉁가 하이킹의 왕복 거리는 총 27km, 소요시간은 8~12시간, 오르막 구간의 길이는 1,200m다. 이 경우에 P2와 P3 주차장 사이는 찻길을 걸어서 오르내린다.

◉ P3 주차장에서 출발하면 왕복 거리는 총 20km, 소요시간은 7~10 시간, 오르막 구간의 길이는 800m다.

◉ 6~9월에만 운영하는 P3 주차장(30대 수용)은 Trolltunga-Road Bus(www.trolltunganorway.com)에서 사전 예약한 차량에 한해서 같은 날의 자정까지만 주차할 수 있다. 반면에 P2 주차장(180대 수용)은 최대 3일까지 주차할 수 있다.

◉ P3 주차장은 차량 1대당 주차비(600NOK. 약 75,000원) 이외에도 도로통행료(200NOK)까지 지불해야 한다.

◉ P2 주차장과 P3 주차장 사이를 30분 간격으로 운행하는 셔틀버스의 편도요금은 150NOK(성인)다.

◉ 트롤퉁가 공식 홈페이지(https://trolltunga.com)에는 트롤퉁가 탐방에 대한 모든 정보가 있다.

트롤퉁가 탐방로 곳곳에 흐르는 빙하수

트롤퉁가 탐방 안내도. 주황색 표시에서는 캠핑 불가

잉그리드 버그먼의
영원한 안식처

스 웨 덴

14

피엘바카

Fjällbacka

노르웨이의 오슬로를 뒤로하고 E6번
도로를 따라 남쪽으로 달렸다. 노르웨이 북쪽의 러시아
국경 근처에 있는 시르케네스 Kirkenes에서 시작되는 이
도로는 스웨덴 남쪽의 발트해 항구 도시인 트렐레보리
Trelleborg 까지 3,056km나 이어진다. 스웨덴에서 국경을
넘어 노르웨이 로포텐 제도로 건너가기 직전에 부동항
나르비크 Narvik에서 하룻밤 묵었을 때 잠깐 지난 바로 그
도로를 다시 만난 것이다. 로포텐 제도의 모스케네스항
에서 심야 카페리호를 타고 도착한 보되 Bodø에서 아틀
란틱 오션 로드로 가는 도중에 반드시 거치는 트론헤임
까지의 640여km 구간도 E6번 도로를 이용했다.

왕복 4차선의 E6번 도로는 수비네순드교 Svinesund Bridge
한가운데서 국경을 넘어 스웨덴에 들어섰다. 다리 난간
에 세워진 표지판을 보지 못했다면 국경을 통과했다는
사실조차 알지 못했을 것이다. 이처럼 나라와 나라 사이

타눔 암각화 가운데 가장 규모가 큰 비틀리케 암각화

타눔 암각화 탐방의 베이스캠프인 비틀리케 박물관

를 아무런 제재나 절차 없이 마음대로 넘나들 수 있다는 점이 유럽 여
행의 가장 큰 매력이다. 섬처럼 고립되고 단절된 분단국가에 살아가는
우리 처지에서는 매우 부러운 현실이다.

　스웨덴과 노르웨이의 국경을 이루는 링달피오르 Ringdalsfjord 위의
수비네순드교에서 남쪽으로 30분쯤 달리면 비틀리케 박물관 Vitlycke
Museum에 도착한다. 이 박물관이 있는 보후슬렌 Bohuslän 일대에는 청
동기 시대부터 초기 철기 시대 사이에 새겨진 암각화 바위가 무려
600여 개나 산재해 있다. 이 타눔 암각화 Rock Carvings in Tanum 는 1994년
에 유네스코 세계문화유산으로 등재되기도 했다.

　비틀리케 박물관은 작고 소박하지만 꼭 한번 들러야 한다. 타눔 암
각화 탐사의 베이스캠프이기 때문이다. 타눔 암각화의 형성과 발견
과정, 실태, 선사 시대의 유물과 생활상 등을 보여주는 자료가 다양

하게 전시돼 있다. '청동기 시대의 고품질 예술'로 평가되는 타눔 암각화는 박물관 주변의 울창한 숲에 흩어져 있다. 탐방로가 잘 닦여 있고, 벤치와 데크, 안내판 등도 곳곳에 설치돼 있어 쉬엄쉬엄 둘러보기 좋다. 새소리, 바람소리를 벗삼아 탐방로를 걷는 것만으로도 소풍 나온 아이처럼 기분이 좋아진다. 그래서인지 아이들과 함께 온 가족 단위의 탐방객이 유난히 많다.

타눔 암각화는 B.C. 1700년에서 B.C. 500년 사이에 만들어졌다. 청동기 시대의 뛰어난 예술가들은 빙하 침식으로 매끄럽게 다듬어진 바위를 캔버스 삼아 다양한 형상을 새겨놓았다. 무수히 많은 배, 사람, 동물(소, 사슴, 뱀, 곰 등), 동그란 점 이외에 썰매, 발바닥, 나무, 수레, 태양, 악기, 보습, 손, 그물, 칼, 도끼, 활, 방패 등도 어렵지 않게 찾아볼 수 있다.

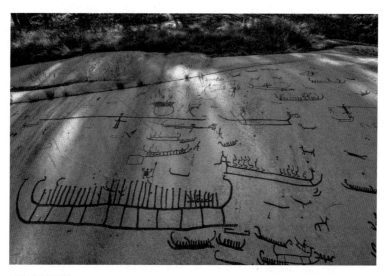

비틀리케 암각화

타눔 암각화 가운데서도 비틀리케 암각화Vitlycke Rock Carvings, 리트슬레뷔 암각화Litsleby Rock Carvings, 아스페베르게 암각화Aspeberget Rock Carvings 등이 특히 유명하고 찾아보기도 쉽다. 이곳의 암각화는 상당수가 처음부터 얕게 새겨진 데다가 오랜 세월의 풍화작용으로 지금은 희미해졌다. 그래서 600개 소가 넘는 암각화 바위 가운데 10개 소 정도는 누구나 이해하기 쉽도록 그림의 선을 붉은색이나 흰색으로 표시해놨다. 소중한 문화유산을 훼손하는 행위라는 비판도 있지만, 암각화의 원래 형태와 탁월한 예술성을 한눈에 파악할 수 있다는 점에서 긍정적으로 평가할 만하다.

타눔 암각화를 보고 나서 곧장 스웨덴 제2의 도시 예테보리로 가려는 계획은 예기치 않게 수정됐다. 일행 중 한 분이 자동차로 15분 거리에 아주 멋진 바닷가 마을이 있다는 사실을 발견했기 때문이다. 더군다나 그곳은 영화 역사상 가장 위대한 여배우 중 하나로 손꼽히는 잉그리드 버그먼Ingrid Bergman, 1915~1982 의 자취가 진하게 남은 곳이란다.

1958년 12월에 세 번째 남편인 라스 슈미트Lars Schmidt 와 결혼한 잉그리드 버그먼은 피엘바카 앞바다에 떠 있는 단홀멘Dannholmen이라는 섬과 파리를 오가며 남편과 함께 꿈 같은 시간을 보냈다. 1975년에 이혼한 뒤에도 두 사람은 각별한 친구 관계를 유지했다. 1982년 8월 29일 그녀가 런던에서 눈을 감는 순간에도 라스는 그 곁을 지켰고, 그녀의 유골은 라스와 행복한 시간을 보냈던 단홀멘 주변에 뿌려졌다. 우리는 잉그리드 버그먼이 사랑한 마을이라는 이유만으로 한치도 망설이지 않고 피엘바카Fjällbacka 로 향했다.

피엘바카 마을의 길가에 세워진
잉그리드 버그만의 두상

피엘바카에서 보트에 함께 탄 잉그리드 버그만과
라스 슈미트

　피엘바카는 형언키 어려울 정도로 아름다운 마을이다. 아름다움만 놓고 보면 노르웨이 로포텐 제도의 레이네 마을이 한수 위일지도 모른다. 하지만 편안하고 아늑한 느낌, 그래서 한번 살아보고 싶다는 생각은 이곳 피엘바카가 훨씬 더 강하게 들었다. 아카데미 영화상을 3번(여우 주연상 2회, 여우 조연상 1회)이나 수상한 대배우 잉그리드 버그먼이 왜 이 마을을 그토록 사랑했는지, 왜 그녀의 영원한 안식처가 되었는지 단박에 알 수 있었다.

　피엘바카 마을의 길가에는 잉그리드 버그먼의 두상이 바다를 향해 세워져 있다. 전성기의 그녀를 담은 두상의 시선은 마을 앞바다의 단홀멘섬을 바라본다. 그곳에 대한 그리움이 묻어나는 듯하다. 이 두

전망 좋은 바위산 베테베르게트 입구의 석문

상 위로 불끈 치솟은 바위산 위의 베테베르게트Vetteberget 전망대에 올라서면 놀랄 만큼 아름답고 상쾌한 전망을 누릴 수 있다.

잉그리드 버그먼 두상의 뒤편 오른쪽으로 '왕의 협곡'을 뜻하는 'Kungsklyftan(쿵스크리프탄)'이 새겨진 아치가 보인다. 1887년에 스웨덴 국왕 오스카르 2세가 방문한 것을 기념해 그런 이름이 붙었다고 한다. 이 아치를 통과한 뒤 곧바로 이어지는 계단을 지나면 커다란 바위 틈 사이의 '진짜' 석문에 들어선다. 수백만 년 동안의 기후 변화와 침식으로 형성된 깊고 좁은 협곡 위에 거대한 바위들이 살짝 걸쳐져서 석문 형태를 이루었다. 그 아래를 지날 때는 짜릿한 전율이 느껴지기도 한다.

쿵스크리프탄 중간쯤의 계단을 조금만 올라서면 완만하게 경사진 바위산에 도착한다. 천혜의 전망대인 베테베르게트에서는 피엘바카 일대의 아늑한 마을과 아담한 항구, 검푸른 바다와 점점이 흩뿌려진 섬들이 고스란히 시야에 들어온다. 호수 같은 바다 건너에는 잉그리드 버그먼이 살아생전에 즐겨 찾았고, 삶을 마감한 뒤에도 안식처로 삼은 단홀멘섬이 또렷하게 보인다. 특히 오렌지빛 지붕과 하얀 벽체로 구성된 발아래의 집들이 오래도록 눈길과 마음을 붙잡는다. 내 눈 앞에 펼쳐진 풍경인데도 꿈결처럼 비현실적으로 아름답다. 한참 동안 바위에 앉아 조망을 즐기다가 아쉬운 걸음을 되돌렸다.

베테베르게트 전망대에서 바라본 요트 계류장. 오른쪽 멀리 단홀멘섬도 보인다.

뢰르빅스 캠핑장(Rörviks Camping)

피엘바카 마을의 남쪽 10km 거리에 있는 캠핑장이다. 스웨덴 제2의 도시인 예테보리에서 숙박하려던 계획이 무산되는 바람에 뜻하지 않게 이 캠핑장을 찾았다. 대단히 규모가 큰 캠핑장인데도 우리가 찾은 날에는 텐트 사이트가 하나뿐이어서 선택의 여지가 없었다. 맨 안쪽 구석에 자리 잡은 덕분에 한적하고 조용한 분위기에서 하룻밤을 보냈다. 다음 날 새벽에 캠핑장을 한 바퀴 둘러보니, 캠핑장이라기보다는 아담한 바닷가 마을 같았다. 텐트 사이트의 면적은 원래부터 작은 듯하고, 장기 거주자를 위한 모바일홈이 대부분을 차지한다. 회원 전용 캠핑장이라 회원가입을 한 뒤에 이용 가능하다. 샤워실, 화장실의 시설 수준은 다소 열악한 반면에, 공용 취사장은 상대적으로 괜찮다. 이용자 후기를 보면 호불호가 거의 반반씩 나뉘는 캠핑장이다.

뢰르빅스 캠핑장의 맨 안쪽에
자리 잡은 우리 일행의 텐트

피엘바카 마을의 남쪽 외곽에 자리한
피엘바카 캠핑장

타눔 캠핑장(Tanum Camping) & 피엘바카 캠핑장(Fjällbacka Camping)

비틀리케 박물관 가까이에 타눔 캠핑장이 있다. 애초 이곳에서 캠핑할 생각이었지만, 터무니없이 비싼 캠핑비와 세탁기 사용료에 기겁해서 바로 나왔다.

피엘바카 마을의 남쪽에 자리한 피엘바카 캠핑장은 위치, 시설, 이용료 등으로 볼 때 추천할 만하다. 단 ACSI캠핑 유럽 카드(약 25,000원)에 가입한 사람만 이용 가능하다.

Travel Tip

⚜ 타눔 암각화를 보기 전에 반드시 비틀리케 박물관부터 들르는 것이 좋다. 총 140대를 수용할 수 있는 주차장을 무료로 이용할 수 있고, 역시 무료로 입장하는 박물관에는 타눔 암각화에 대한 모든 지식과 정보를 사전 습득할 수 있다.

⚜ 타눔 암각화를 대표하는 3곳의 암각화는 서로 인접해 있으므로 다 둘러보는 것이 좋다. 비틀리케 암각화에서 아스페베르게 암각화까지는 1km, 아스페베르게 암각화에서 리트슬레뷔 암각화까지는 1.2km 거리다. 3곳 모두 도로와 가까워 찾아가기도 쉽다.

⚜ 피엘바카 마을의 홈페이지(https://fjallbacka.com)에서는 숙박, 식당, 쇼핑 등 다양한 정보를 얻을 수 있다.

스웨덴

Växjö

15

벡셰

유럽에서 가장
친환경적인 도시

행가센 호수의 작은 섬에 자리한 크로노베리성

Växjö

        길 가다 금덩이를 줍는다? 평생 동안 단 한 번도 만나기 어려운 횡재수다. 물론 경찰에 신고해서 주인을 찾아줘야 하지만 말이다. 금시초문이던 '벡셰Växjö'라는 스웨덴의 작은 도시를 잠깐이나마 여행하게 된 것은 내게 그런 횡재수나 다름없었다. 애초 목적지는 스웨덴 남동부의 길쭉한 섬 윌란드Öland였다. 남북의 길이는 130여km나 되지만 동서의 폭은 5~15km에 불과한 섬이다. 마치 날카로운 표창처럼 생겼다. 스웨덴에서 두 번째로 크다는 이 섬은 배를 타지 않고도 드나들 수가 있는 데다 곳곳에 다양한 문화유적과 휴양지가 있다고 해서 목적지로 삼았다.

    스웨덴 제2의 도시인 예테보리Göteborg에서 출발해 윌란드까지 가려면 360km쯤 달려야 한다. 그 거리의 약 2/3에 해당하는 230km 지점에 벡셰가 있다. 잠시 쉬어갈 겸해서 벡셰의 주변 명소를 찾아보니 크로노베리성Kronobergs Slott이 눈에 들어왔다. 마침 우리의 이동 경로 근처여서 들렀다 가기도 편리했다.

    크로노베리성은 헬가셴Helgasjön 호수의 작은 섬 슬롯스홀멘Slottsholmen

에 남아 있는 고성이다. 헬가셴 호수의 면적은 서울 여의도 면적(2.9km²)의 17배쯤 되는 반면에 슬롯스홀멘 섬은 손바닥만 하다. 섬의 대부분을 크로노베리성이 차지한다. 한때 난공불락의 요새로도 활용됐던 성의 역사는 중세시대인 1444년까지 거슬러 오른다. 당시 벡셰의 주교인 라스 미카엘손Lars Mikaelsson은 요새화된 이 성을 짓고 거주지로 삼았다.

건립된 지 백 년쯤 뒤인 1542~1543년의 다케 반란Dakefejden 기간에는 스웨덴의 왕 구스타프 바사Gustav Vasa의 정규군에 맞서 싸운 닐스 다케Nils Dacke 휘하의 농민 반란군이 이 성을 본부로 삼았다. 그 뒤로

폐쇄되기 전에 들어가본 크로노베리성 안의 성벽과 고목

약 200년 동안에는 덴마크, 스웨덴 국경의 최전방 요새여서 두 나라 간의 군사적 충돌이 자주 발생했다. 덴마크 군대에 의해 두 차례나 불탄 적도 있다.

오늘날과 같은 직사각형 형태의 크로노베리성은 1616년에 마지막 재건 공사를 거쳐 완성됐다. 그러나 덴마크 영토의 일부가 스웨덴에 병합된 1658년 이후에 이 성은 최전방 요새로서의 전략적 가치를 상실했다. 그때부터 방치된 바람에 폐허로 변했고, 일부 주민은 집 짓는 데 사용하기 위해 이 성의 돌을 가져가기도 했다. 그래도 이 옛 성은 여전히 아름답고 매력적이다. 성 입구에 징검다리처럼 떠 있는 스톨홀멘Stallholmen섬의 나지막한 언덕에 앉아서 오랜 풍상을 견뎌온 성벽과 잔잔한 호수, 파란 하늘과 몽실몽실 피어오른 구름만 바라봐도 마음의 위안과 평화를 얻는다.

크로노베리성 입구에서 벡셰 시내까지는 10여 분밖에 걸리지 않는다. 인구 7만 명 내외의 벡셰는 스몰란드 지방 크로노베리주의 주도이자 행정, 문화, 산업의 중심지다. 이 낯선 도시의 첫인상은 한 마디로 '깨끗하다'. 시야

크로노베리성 입구의 스톨홀멘섬에서 일광욕을 즐기는 여인

린네 공원 가까이에 있는 벡셰호

에 들어오는 풍경들뿐만 아니라 두 볼을 스치는 바람도,
코끝에 와닿는 냄새도 하나같이 무척 깨끗했다. 나중에
서야 그 이유를 알게 됐다.

벡셰도 한때 환경오염 문제로 몸살을 앓은 적이 있다.
도심 가까이에 있는 벡셰호를 비롯한 주변 호수의 오염
과 부영양화가 대단히 심했다는 것이다. 이런 위기를 극
복하기 위해 1996년부터 화석 연료 대신에 바이오매스
Biomass(식물, 동물, 미생물 등 살아 있는 모든 유기체) 같은 친
환경 에너지를 사용하기로 결정했다. 그 결과 1인당 이산
화탄소 배출량이 EU 평균(7.3톤)의 1/3에 불과한 2.4톤

린네 공원의 다육 식물 화단. 뒤에 벡셰 대성당의 첨탑이 우뚝하다.

으로 떨어졌다. 2007년부터는 '유럽에서 가장 친환경적인 도시'라 자부할 수 있게 됐고, 2017년에는 유럽 위원회EC에서 '2018 유럽 녹색잎상'을 받기도 했다.

벡셰는 칼 폰 린네Carl von Linné, 1707~1778와 매우 깊은 인연을 간직한 도시이기도 하다. 린네는 이명법二名法(세계적으로 통용되는 학명을 생물 종에 붙이는 표기법)을 처음 착안해 생물 분류학의 성립에 결정적으로 기여한 생물학자다. 벡셰에서 남서쪽으로 50여km 떨어진 로스홀트Råshult에서 태어난 그는 대학교 이전의 학창 시절 대부분을 벡셰에서 보냈다. 목사이자 아마추어 식물학자인 아버지의 영향으로 어렸을 때부터 자연과 식물에 관한 관심이 남달랐다.

현재 벡셰에는 린네 대학교Linnéuniversitetet가 있고, 도시 한복판에는 린네 공원Linnéparken과 린네 거리Linnégatan, 린네 흉상이 있다. 린네가 다닌 학교 건물도 벡셰 대성당 옆에 옛 모습 그대로 남아 있다. 그러니 이 도시의 어디를 가더라도 린네를 떠올리게 된다. 특히 린네 공원이 인상적이다. 다양한 꽃과 나무가 잘 가꿔져 있는 데다 린네의 이명법에 따른 설명글도 친절하게 붙어 있다. 꽃과 나무 사이로 이어지는 린네 공원은 벡셰 대성당Växjö Cathedral과 맞닿아 있다. 11세기에 목조 건물로 출발한 이 대성당(지금은 교회)의 석조 건물은 1170년에 처음 세워졌다고 한다. 현재 모습은 1950년대에 대대적으로 이루어진 복원 공사의 결과물이다. 맨 앞의 쌍둥이 첨탑이 하늘을 찌를 듯한 위세로 솟은 정면의 외관은 오랜 세월을 품은 것처럼 고풍스럽다. 반면에 제단, 촛대 등이 화려한 유리 공예품으로 꾸며진 내부는 현대적인 감각이 물씬 풍긴다.

'크리스털 왕국'이라는 별명이 붙은 벡셰는 오래전부터 유리 공예가
발달한 도시다. 린네 공원 맞은편의 박물관 공원Museiparken에는 스웨덴
국립 유리 박물관Smålands Glasmuseum 도 들어서 있다. 벡셰 대성당에도
빼어난 유리 공예 작품이 다수 설치돼 있다. 제단과 제단 십자가, 설교
단, 합창단 제단 및 스테인드글라스 등은 스웨덴의 유리 공예가인 얀
브라즈다Jan Brazda, 1917~2011 가 제작했다. 화려하면서도 성당 특유의 엄
숙함을 잃지 않도록 세심하게 계산해서 만든 걸작이다.

벡셰 대성당에는 유리와 철로 만든 '생명과 지식의 나무'라는 이름
의 촛대도 있다. 호박색 유리를 이용한 실험적인 작품으로 유명한 유

두 개의 첨탑이 고풍스런 분위기를 자아내는 벡셰 대성당의 정면 모습

리 공예가 에릭 회글룬트 Erik Höglund, 1932~1998 와 대장장이 라스 라르손 Lars Larsson이 20세기 후반에 만든 작품이다. 벡셰 대성당에서 가장 인기 있는 작품으로 손꼽힌다. 진갈색 나뭇가지와 형형색색의 잎들 사이로 선악과를 따려는 이브, 노래하는 여인 등 여러 인물이 사실적으로 묘사돼 있어 사람들의 시선을 오래도록 붙잡는다.

대성당 정문 앞의 곧게 뻗은 거리를 혼자 걸었다. 서울로 친다면 명동 거리 같은 번화가인데도 지나치게 한적하거나 번잡하지도 않아서

철과 유리로 만든
'생명과 지식의 나무' 촛대

벡셰 대성당의 제단과 스테인드글라스.
얀 브라즈다의 작품이다.

좋다. 딱히 정해진 목적 없이 발길 닿는 대로 걷다가 쉬다가 하면서 낯선 도시의 평화로운 오후를 한껏 즐겼다.

벡셰에서 한나절을 보낸 우리는 다시 애초의 목적지인 욀란드섬을 향해 2시간쯤 달렸다. 하지만 막상 도착해 보니 어딜 가나 수많은 사람으로 북적거렸다. 때마침 주말이어서 그런지는 몰라도, 섬 전체가 행락 인파로 몸살을 앓는 유원지 같았다. 이 섬의 어느 바닷가에서 파도 소리를 벗 삼아 낭만적인 하룻밤을 보내려던 계획은 수포로 돌아갔다. 뉘엿뉘엿 저물어가는 해를 바라보며 서둘러 욀란드섬을 '탈출'했다.

벡셰 대성당 근처의 한가로운 거리 풍경

퇴레스토르프스 캠핑장(Törestorps Camping)

스웨덴 본토와 윌란드섬을 잇는 윌란드 다리Ölandsbron에서 60km쯤 떨어진 퇴른Törn 호수의 동남쪽 호반에 있는 캠핑장이다. 텐트 사이트는 커다란 나무 아래의 잔디밭이어서 아늑하고 푹신하다. 잔잔한 호수에 붉은 노을을 드리우며 저물어가는 해넘이, 새벽안개가 자욱한 호수에서 기러기들이 한가로이 헤엄치는 광경은 오래도록 잊히지 않는다.

에베달스 캠핑장(Evedals Camping)

벡셰 시내에서 가장 가까운 캠핑장이다. 벡셰 시내에서 6km, 크로노베리성 입구에서 3.5km 거리에 있다. 캠핑 사이트뿐만 아니라 독립된

퇴레스토르프스 캠핑장의 해질녘 풍경   헬가 호반에 자리한 에베달스 캠핑장

방갈로 형태의 코티지도 갖추고 있다. 헬가 호수 Helgasjön 와 맞닿아 있어서 수영, 카약, 산책 등을 즐기기에 좋다.

* Travel Tip *

✺ 폐허가 된 크로노베리성은 2022년까지도 매년 여름철마다 관광객의 내부 관람이 허용됐다. 그러나 2023년 1월부터는 안전상의 이유로 영구 폐쇄됐다.

✺ 벡셰 시내 중심가에 있는 PM & Vänner Hotel은 스칸디나비아 스타일로 디자인된 74실 규모의 고급 호텔이다. 스파, 레스토랑, 빵집 등의 부대 시설도 갖추었다. 특히 레스토랑은 스웨덴 최고의 레스토랑 10곳 중 하나이자 미슐랭가이드 레스토랑으로도 선정됐을 정도로 수준 높은 스웨덴 요리를 내놓는다.

PM & Vänner Hotel
레스토랑의 조식 메뉴

✺ 스웨덴 수도인 스톡홀름의 중앙역에서 벡셰역까지 바로 가는 직행열차가 출발한다. 3시간 40분~4시간 소요.

✺ 덴마크 쪽에서 찾아간다면 말뫼 중앙역 Malmö Centralstation 에서 대략 1시간 간격으로 출발하는 직행열차를 이용해 벡셰역까지 갈 수 있다. 1시간 40분~2시간 소요.

네 덜 란 드

16

히트호른

네덜란드의
베니스

대여 보트를 타고 히트호른 마을을 둘러보는 관광객들

Giethoorn

그날 아침까지도 '히트호른'이라는 마을은 이름조차 들어본 적이 없었다. 독일 브레멘을 출발해 네덜란드 암스테르담으로 향하는 차 안에서 일행 중 한 명이 구글맵을 검색하다 우연히 이 마을을 발견했다. 마침 우리의 여행 경로에서 크게 벗어나지 않는 곳임을 확인하고 잠깐 들러보기로 의견을 모았다.

수도사들이 만든 운하 마을, **히트호른**

히트호른은 네덜란드의 21개 국립공원 중 하나인 비어리븐 비든 국립공원 De Weerribben-Wieden National Park 내에 있는 마을이다. 전체 면적이 100km²(약 3,000만 평)나 된다는 이 국립공원은 유럽 북서부 지역에서 가장 크고 아름다운 이탄泥炭 습지를 품고 있다. 위도가 높은 지방의 춥고 습한 지역에서 주로 발견되는 이탄 습지는 유기물이 잘 분해되지 않는 토양층이 형성돼 있다.

히트호른은 '네덜란드의 베니스'라고도 부른다. 커다란 자연 습지 내에 오랜 세월에 걸쳐 주민들이 인공적으로 만든 운하가 사통팔달로 뻗어 있다. 마을 주변에는 크고 작은 호수도 여럿 있다. 이곳의 운하와 호수의 수심은 최대 1m에 불과해서 보트를 이용하는 사람도 구명조끼를 착용하지 않는다.

히트호른 지역에 사람이 처음 살기 시작한 때는 13세기라고 한다. 당시 프란체스코회 수도사들이 들어와 청빈, 정결, 순명의 삶을 실천하는 신앙 공동체를 구축한 것이다. 수도사들은 이 일대의 습지에 켜켜이 쌓인 이탄을 채취해 판매했다. 이탄은 석탄처럼 중요한 연료였을 뿐만 아니라 토양의 수분 함유 능력을 높여주는 토양 개량제로도 사용되었다. 수도사들은 배를 띄울 수 있을 만한 깊이로 이탄층을 파냈다. 채굴한 이탄은 외부에 팔고, 이탄을 파낸 자리는 운하로 만들었

마을 전체가 잘 가꿔진 정원 같은 히트호른

다. 그렇게 해서 평균 수심 1m, 총 길이 6.4km의 히트호른 운하(수로)가 오늘날까지 남게 되었다.

히트호른의 핵심 관광 지역에는 18~19세기에 지어졌다는 농가 주택이 즐비하다. 모든 집마다 잘 가꿔진 꽃과 나무, 잔디밭이 있다. 집 주변의 마당에는 양이나 염소가 한가로이 풀을 뜯고, 운하 옆 잔디밭에서는 야생 오리들이 뒤뚱뒤뚱 걸어다니거나 오수를 즐긴다. 이 마을의 동물은 사람을 경계하거나 무서워하지 않는다. 오래전부터 사이좋게 공존해왔기 때문일 것이다.

운하에 둘러싸여 작은 섬이나 다름없는 농가 주택들은 자동차를 타고 드나들 수가 없다. 걸어가거나 자전거, 작은 보트를 이용해야 한다. 마을 전체에는 다리가 176개 놓여 있다고 한다. 상당수의 다리는 개인 주택 전용이라 일반 관광객은 이용할 수 없다. 마을 구석구석으

운하와 나란히 이어지는 '비넨팟'에서 마주친 자전거 행상

로 이어지는 운하 옆에는 폭이 좁아서 자전거나 도보 통행만 가능한 비넨팟binnenpad(내부 경로)이 나란히 이어진다. 약 1.2km 길이의 비넨팟만 걸어도 동화 속 마을 같은 히트호른의 아름다운 풍경과 독특한 정취를 고스란히 느껴볼 수 있다.

치즈 마을과 어부 마을, 에담-폴렌담

히트호른을 뒤로하고 암스테르담으로 향하는 길에 일부러 네덜란드 최대의 인공 호수인 에이설호 IJsselmeer와 마르커르호 Markermeer 사이의 제방 도로를 이용했다. 마치 우리나라 새만금 간척지의 새만금로를 달리는 듯한 기분이 들었다. 도로의 폭은 절반도 안 되지만 전체 길이는 30여km로 거의 비슷하기 때문에 그런 기분이 든 듯하다. 이 제방 도로의 북쪽 교차로에서 45km쯤 더 달린 끝에 에담-폴렌담 Edam-Volndam에 도착했다

에담-폴렌담은 치즈 마을 에담과 어부의 마을 폴렌담이 합쳐진 지명이다. '볼렌담'으로도 부르는 폴렌담을 둘러봤다. 한때 청어잡이가 성했던 항구 도시답게 오래된 범선과 어선이 항구에 정박해 있다. 기념품점, 치즈 가게, 레스토랑, 호텔, 전통의상 체험숍 등이 밀집한 부두 근처의 상가에서 벗어난 마을 안쪽으로 들어가면 전혀 다른 분위기를 엿볼 수 있다. 형형색색의 집들이 옹기종기 들어앉은 골목이 길게 이어지고, 골목을 가로지르는 수로에는 부산 영도다리 같은 도

생선 경매장과 오래된 어선이 남아 있는 폴렌담 부둣가

개식 교량이 설치돼 있는 점이 특이하다. 마을 안의 작은 연못에서는 우아한 몸짓으로 헤엄치는 야생 흑고니도 볼 수 있었다.

폴렌담 부둣가에서 1.2km 거리의 카트우데Kattwoude 마을 초입의 수로에는 1896년에 세워졌다는 '진짜' 풍차가 있다. '카타머Kathammer'라는 이름의 이 풍차는 원래 1650년에 처음 세웠으나 1895년에 소실되어 이듬해에 복원됐다고 한다. 그로부터 약 130년의 세월이 흘렀지만, 여전히 풍차 본연의 기능인 배수와 분쇄 작업을 수행하고 있다. 이 풍차를 통해 네덜란드의 진짜 풍차는 생각하던 것보다 훨씬 더 크다는 점, 그리고 내부에 살림집이 함께 존재한다는 사실을 처음 알게 되었다.

폴렌담 항구 북쪽에는 에담 시가지가 있고, 에담 북쪽에는 광활한 간척지가 펼쳐진다. 간척지와 바다(사실은 바다를 막아 생겨난 마르커르호) 사이의 제방에 올라서면, 해수면보다 낮은 육지인 '폴더polder'를 육안으로도 또렷하게 확인해볼 수가 있다. 폴더 지역에는 제방을 높이 쌓고 배수펌프로 물을 뺀 뒤에 농지나 주거지를 만들었다.

네덜란드의 전체 면적 41,526km²의 약 17%인 7,150km²가 폴더 지역이다. 특히 로테르담 인근의 프린스 알렉산더 폴더Prince Alexander Polder는 해수면보다 무려 7미터나 낮다고 한다. 이처럼 혹독한 자연조건을 이겨내고, 1인당 GDP 5만 달러(2023년 기준)의 선진 복지국가를 건설한 네덜란드 사람에게 경의와 박수를 보내고 싶다는 생각이 들었다.

폴렌담 근처의 카트우데 마을 초입에 남아 있는 진짜 풍차 카타머

스트란드바드 에담 캠핑장(Camping Strandbad Edam) &
제방 호베 에담 캠핑장(Camping Zeevang Hoeve Edam)

폴렌담의 북쪽 마을인 에담에는 캠핑장이 여럿 있다. 폴렌담과의 경계를 이루는 하천의 하구에 스트란드바드 에담 캠핑장이 있고, 그곳에서 북쪽으로 800m쯤 떨어진 제방 옆에는 제방 호베 에담 캠핑장이 있다. 폴렌담과 가장 가까운 스트란드바드 에담 캠핑장은 해변 리조트 같은 분위기인 반면, 제방 안쪽이자 넓은 들녘의 제방 쪽 끝에 자리한 제방 호베 에담 캠핑장은 목가적인 정취를 물씬 풍기는 농촌 캠핑장이다. 주변 초지는 양과 소들이 풀을 뜯고, 게으른 소 울음소리도 어디선가 종종 들린다. 캠핑장 앞의 제방 위에서는 해수면보다 낮은 네덜란드의 육지를 두 눈으로 직접 확인할 수 있다.

캠핑장 옆의 농로를 지나는
소떼

스트란드바드 에담 캠핑장 주변의 초지와
야생 기러기떼

✻ 히트호른 마을을 가장 효율적으로 둘러보는 방법은 보트 투어다. 이
   용자가 직접 조종하는 자유 운전 Self-Drive Boat, 가이드가 동행하는 가
   이드 투어 Guided Boat Tour, 개인이나 소그룹에 적합한 프라이빗 투어
   Private Boat Tour 등의 보트 투어가 있다. Smit Giethoorn, Botenverhuur
   Koppers Giethoorn, Rietstulp Rondvaart 등의 업체에서 보트를
   대여해준다.

✻ 히트호른 마을은 크지 않아서 걸어서 둘러보기에도 딱 좋다. 2시
   간 내외면 얼추 다 둘러볼 수 있다.

✻ 암스테르담 Station Noord에서는 폴렌담의 Volendam Centrum
   행 316번 버스가 15분 간격으로 출발한다. 소요시간은 20분 정도,
   요금은 4~6유로.

히트호른 마을 입구의 보트 대여 업체

'진짜' 풍차 마을,
그리고 한 마을 속의 두 나라

네덜란드

17

킨더다이크
&
바를러

1740년에 세워진 킨더다이크의 '진짜' 풍차

Kinderdijk & Baarle

300년 역사의 전통 풍차 마을, **킨더다이크**

네덜란드 사람들은 아주 오래전의 중세시대부터 농토를 확보하기 위해 해안과 강변에 수많은 제방을 쌓았다. 수면보다 낮은 제방 안쪽의 습지를 마른 땅으로 만들기 위해 수로와 수문을 만들고, 바람의

킨더다이크 운하의 간이 선착장을 찾은 야생 오리

힘으로 물 퍼내는 풍차를 곳곳에 세웠다. 네덜란드 제2의 도시인 로테르담에서 자동차로 약 30분 거리에 있는 킨더다이크는 네덜란드 제일의 풍차 마을로 유명하다. 18세기에 세워진 풍차가 19개나 남아 있어 네덜란드에서 전통 풍차가 가장 많은 마을로 손꼽힌다.

킨더다이크는 네덜란드어로 '꼬마 제방'을 뜻한다. 레크강^{Lek R.}과 노르트강^{Noord R.}이 만나 니우어마스강^{Nieuwe Maas R.}을 이루는 합수머리에 자리 잡았다. 1740년경에 세워졌다는 킨더다이크의 풍차들은 1940년대 후반까지 200년 동안이나 알블라서바르트^{Alblasserwaard} 간척지의 배수 작업을 계속했다. '킨더다이크 엘스하우트 풍차망^{Mill Network at Kinderdijk-Elshout}'이라 이름 붙은 이 지역은 1997년에 유네스코 세계문화유산으로도 등재됐다.

킨더다이크의 풍차는 'L' 자 모양으로 길게 뻗은 운하 양쪽에 일정

킨더다이크 운하에서 이른바
'수초치기' 낚시를 즐기는 노부부

한 간격으로 늘어서 있다. 산책로가 개설된 가운데 제방의 양쪽으로 두 개의 운하가 길게 이어진다. 왼쪽(동쪽) 운하의 제방에 8개, 그 제방 안쪽의 작은 운하에 2개, 그리고 오른쪽(서쪽) 운하의 제방에 6개, 그 제방 안쪽의 운하에 3개가 있다.

주차장에 차를 세운 뒤 곧장 배표를 구매해 보트 투어에 나섰다. 약 30분 동안 왼쪽의 메인 운하를 한 바퀴 돌아오는 이 보트에 몸을 실으면 왼쪽 제방 위의 8개 풍차를 가까이에서 살펴볼 수 있다. 이곳 19개 풍차 가운데 15개에는 여전히 사람이 살고 있다고 한다. 대체로 풍차의 1~3층은 거실, 침실, 주방 등이 들어선 살림집이다. 맨 위층에는 거대한 톱니바퀴가 회전하는 기계실이 있다. 사람이 사는 풍차는 외관부터 확연히 다르다. 화사한 꽃과 장식이 많고, 인기척이 없어도 썰렁해 보이지 않는다. 풍차 아래의 선착장과 운하에는 야생 오리들이 편안히 쉬거나 유유히 물질을 한다.

오른쪽 제방에 자리한 풍차들은 가운데 제방의 산책로를 따라 걷거나 자전거를 타고 둘러봐야 한다. 산책로의 왕복 거리는 4km쯤 된다. 찬찬히 걸어도 1~2시간이면 섭렵할 수 있다. 관광객에게 내부까지 개방하는 풍차도 2개 있으므로 최소한 1곳만이라도 둘러보기를 권한다.

네덜란드와 벨기에가 뒤섞인 소읍, 바를러

킨더다이크 풍차마을을 뒤로하고 벨기에로 가는 도중에 아주 특

이한 마을에 들렀다. 네덜란드와 벨기에 국경 근처에 있는 바를러
Baarle 마을이다. 킨더다이크에서도 자동차로 약 1시간밖에 걸리지 않
는다. 전체 인구가 1만 명도 안 되는 이 소읍에는 네덜란드와 벨기에
의 영토가 퍼즐 조각처럼 군데군데 박혀 있다. 심지어 두 나라에 걸쳐
있는 주택이나 상점도 여럿이다. 이런 건물은 출입문 위치에 따라 국
적이 결정된다. 하지만 공교롭게도 출입문이 두 나라에 걸쳐 있는 곳
은 두 나라의 주소를 모두 갖게 된다. 이런 집에서 태어난 아이의 국
적은 선택할 수 있지만, 한번 정해진 뒤에는 바꿀 수가 없다.

자기 나라의 본토와는 떨어져서 다른 나라의 영토에 둘러싸여 격
리된 땅을 월경지越境地라고 한다. 바를러에는 네덜란드 영토에 둘러
싸인 벨기에 월경지가 16개 구역, 벨기에 영토에 둘러싸인 네덜란드
월경지가 7개 구역이 있다. 지명도 나라에 따라 달라진다. 네덜란드

네덜란드와 벨기에 두 나라에 걸쳐 있는 바를러의 한 주택

월경지는 바를러나사우Baarle-Nassau , 벨기에 월경지는 바를러헤르토흐Baarle-Hertog로 부른다. 면적은 바를러나사우가 76.21km², 바를러헤르토흐가 7.48km²이며, 전체 인구의 2/3는 네덜란드, 1/3은 벨기에 국적이다.

바를러 마을의 국경선이 이렇게 복잡해진 역사는 13세기까지 거슬러 올라간다. 당시 이 지역의 영주인 브라반트 공작이 자신 소유의 땅을 브레다 남작에게 넘기면서 여러 군데의 비옥한 땅을 그대로 남겨뒀다. 1403년에 브레다 남작은 나사우 백작이 되었다. 이후에 나사우 백작의 영지는 네덜란드 영토인 바를러나사우, 브라반트 공작의 영지는 벨기에 땅에 속한 바를러헤르토흐가 되었다.

1도시 2국가의 바를러에는 시청, 성당, 관광 안내소 등도 2곳씩 있다. 대부분의 주유소는 기름값이 상대적으로 저렴한 벨기에 땅에 자리 잡았다. 코로나 팬데믹 당시에는 벨기에 상점이 모두 문을 닫은 반면, 네덜란드 상점은 자유로이 영업할 수 있었다. 두 나라의 방역 정책이 서로 달랐기 때문이다. 한 마을의 두 나라 간에 가격 차이가 큰 물건도 많다 보니, 예전에는 밀수가 성행했다. 예컨대, 두 나라에 걸쳐 있는 상점의 경우에는 네덜란드 쪽의 창문으로 물건을 들여와서 벨기에 쪽 출입문으로 물건을 빼내는 식으로 밀수했다는 이야기도 전설처럼 전해온다. 대체로 부피와 무게가 적고 가격 차이가 큰 담배, 술, 커피, 설탕, 귀금속 등이 밀수꾼에게 인기 있었다고 한다.

바를러의 1도시 2국가 체제는 이방인에게는 아주 복잡해 보이지만, 의외로 주민들은 별로 불편하지 않다고 한다. 언어도 모두 네덜란

바를러의 네덜란드, 벨기에 국경선 양쪽에 한 발씩 걸친 채 기념사진을 찍는 가족

드어를 쓰기 때문에 국적이 다른 이웃이나 가족 간의 의사소통에도
전혀 문제가 없다. 두 나라의 경제 수준도 크게 차이 나지 않아서 서
로 다른 국적을 선택하는 가족도 적지 않다. 분단된 나라에서 평생
살아야 하는 우리 처지에서는 '1도시 2국가' 체제가 오히려 무척 부러
워 보인다.

바텐슈타인 캠핑장(Camping Batenstein)

킨더다이크 주차장에서 6.5km 거리에 Camping and Hall Landhoeve 캠핑장, 바를러 시내에서 약 2km 거리에 The Heimolen 캠핑장이 있다. 하지만 나는 일정과 전후 동선을 고려해 암스테르담에서 킨더다이크 가는 길에 있는 바텐슈타인 캠핑장을 이용했다. 전체 사이트의 수가 100여 개에 이를 정도로 규모가 크다. 하지만 3곳의 작은 연못을 끼고 각자의 구역이 나뉘어 있어서 별로 복잡하거나 어수선하지는 않다. 푹신한 풀밭에서는 토끼가 뛰어다니고, 연못에서 야생 오리들이 꽥꽥거리며 헤엄치는 광경도 볼 수 있다.

잘 관리된 잔디밭에 들어선 바텐슈타인 캠핑 사이트와 공용 주방

⊛ 로테르담의 에라스무스대교 Erasmusbrug 근처 선착장에서 곧장 킨더다이크까지 운항하는 202번 직행 워터버스(배)가 있다. 5월 1일 ~9월 30일까지 운항하며, 날씨와 계절에 따라 변동될 수 있다.

⊛ 킨더다이크 입장과 보트 투어는 모두 유료다. 관광객이 많이 몰리는 성수기에는 미리 예약하는 것이 좋다. 킨더다이크의 모든 유료 입장권과 보트 투어 요금이 포함된 티켓을 '겟 유어 가이드' 어플에서도 예약할 수 있다.

⊛ 바를러 마을의 맥주 전문점인 De Biergrens는 매장 내부에 네덜란드, 벨기에 국경선이 그어져 있다. 같은 제품이라도 어느 나라의 진열대에 있느냐에 따라서 값이 달라질 수도 있다는 점에서 관광객의 호기심을 자극한다.

⊛ 바를러 마을의 한복판에는 무료 주차장이 있다. 마을이 크지 않은 편이라 주차장에 차를 세워두고 걸어다니는 것이 편하다.

킨더다이크의 풍차 박물관

킨더다이크의 운하를 30분 동안 한 바퀴 돌아오는 보투 투어

독일

Bremen

18

브레멘

브레멘 음악대가 동경한
'자유 도시'

마르크트 광장 주변의 길드 하우스와 브레멘 시청

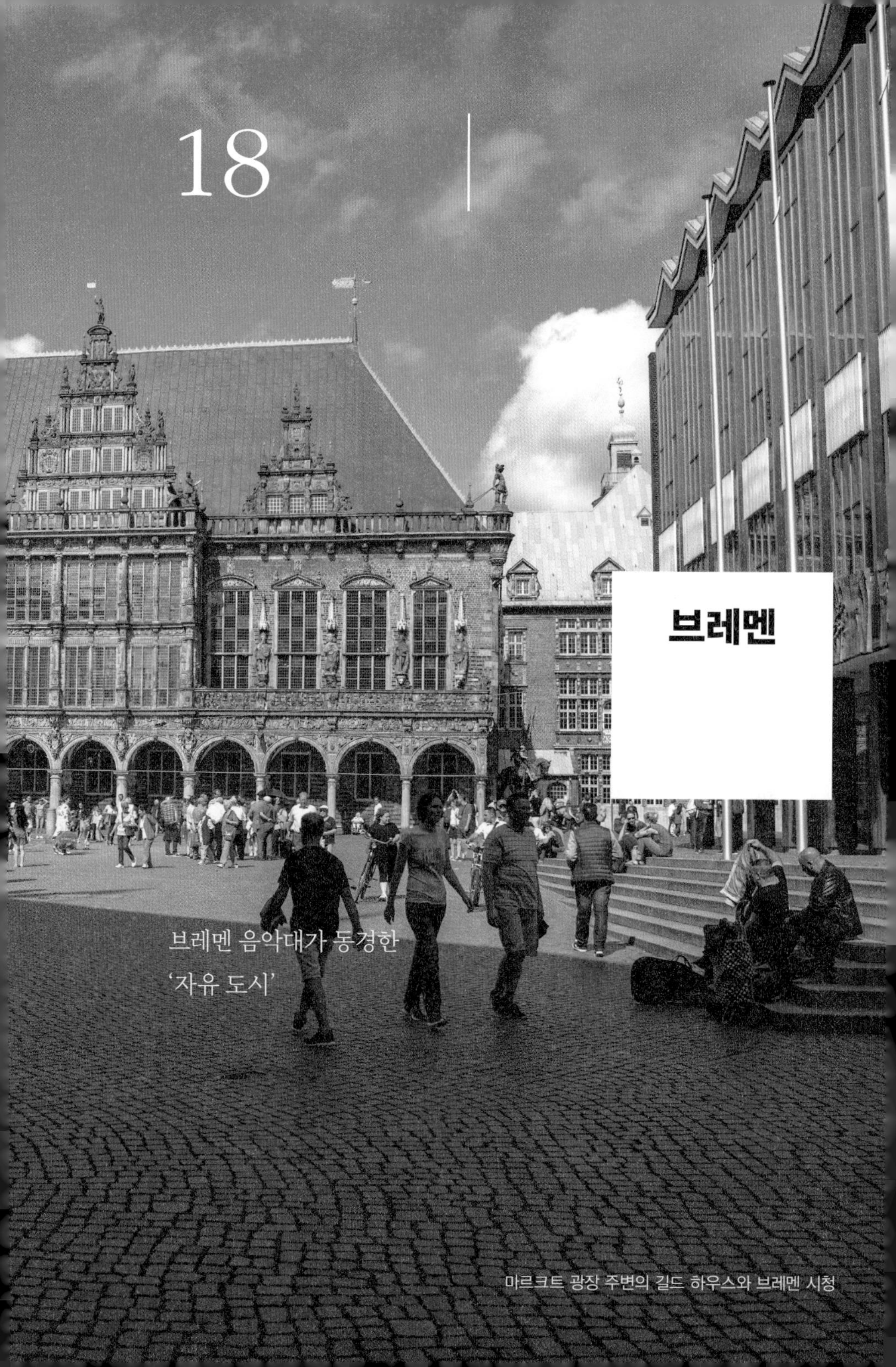

Bremen

　'브레멘 Bremen' 하면 으레 음악대가 따라붙는다. 세계적으로 널리 알려진 동화《브레멘 음악대 Town Musicians of Bremen》는 독일의 언어학자이자 작가인 그림 형제 Brüder Grimm 가 1812년에 발표했다. 다들 잘 아는 이야기지만, 짧게 요약하면 이렇다.

　어느 시골 농장에서 평생 동안 주인을 위해 열심히 일한 당나귀가 늙었다는 이유로 팔릴 위기에 처했다. 당나귀는 브레멘의 유랑 악사가 되기로 결심하고 농장을 탈출했다. 도중에 자신과 비슷한 처지의 고양이, 개, 수탉을 만나 함께 유랑 악단을 만들기로 하고 브레멘으로 향하다가 도둑놈들이 살고 있는 집을 빼앗아 모두 함께 편안히 여생을 보내게 되었다.

　내 발길을 브레멘으로 이끈 것도 당연히 브레멘 음악대였다. 브레멘 구시가지 Altstadt에 도착하자마자 시청 건물의 왼쪽 귀퉁이에 자리한 브레멘 음악대 동상을 맨 먼저 찾았다. 게르하르트 마르크스 Gerhard Marcks 가 1953년에 제작했다는 이 청동상은 4개 층의 좌대 위에 가장 몸집이 큰 당나귀부터 개, 고양이, 수탉이 탑처럼 배치됐다. 때

브레멘 시청 옆의 브레멘 음악대 동상

마침 해가 잘 드는 오후여서 자유를 찾은 동물들의 표정도 한결 밝아 보였다. 특히 성인의 팔꿈치 높이에 있는 당나귀 앞발은 찬란한 금빛으로 빛났다. 만지면 브레멘에 다시 오게 된다는 속설 때문에 반질반질해진 것이다.

브레멘 음악대 동상과 맞붙어 있는 브레멘 시청 Bremer Rathaus 은 이 도시에서 가장 화려하고 아름다운 건축물로 손꼽힌다. 바로 앞에 세워진 롤란트 석상 Bremer Roland 과 함께 유네스코 세계문화유산으로 등재됐다. 1358년에 한자 동맹 Hanseatic League (독일의 여러 도시가 상업적인 목적으로 만든 동맹)에 가입해 자치권을 획득한 '자유 도시 Freie Stadt' 브레멘에는 14세기에 최초의 시청이 건립됐다. 지금의 시청은

유네스코 세계문화유산으로 등재된 롤란트 석상과 브레멘 시청

1405~1409년에 고딕 양식의 건물로 처음 건축됐다가 1595~1612년에 베저 르네상스Weser Renaissance 양식으로 개조됐다. 20세기 초에는 뒤쪽에 네오르네상스 양식의 새 청사가 증축됐다. 2층 창문과 창문 사이에 세워진 황제와 선거후選擧侯(신성로마 제국 당시 독일 황제의 선거권을 가진 일곱 명의 제후) 석상이 이채롭다.

브레멘 시청 앞에는 마르크트 광장Marktplatz, 오른쪽 옆에는 대성당 광장Domshof이 펼쳐져 있다. 그중 마르크트 광장에는 '슈팅Schütting'이라 부르는 길드 하우스, 정의의 검과 쌍두 독수리 문장의 방패를 든 롤란트 석상이 옛 모습 그대로 남아 있다. 도시의 수호자인 롤란트의 석상은 자유 도시 브레멘의 권리와 특전을 상징하기 위해 1404년에 세워졌다. 높이 5.5m의 이 석상은 독일 곳곳에 남은 롤란트 석상 가운데 가장 크고 오래된 것 중 하나다. 고색창연한 마르크트 광장은 많은 사람으로 북적거리며 활기가 넘쳤다.

브레멘 시청 옆에는 '브레멘 대성당'으로도 부르는 페트리 성당St. Petri Dom Bremen이 자리 잡았다. 높이가 무려 98m에 이르는 첨탑이 앞쪽에 우뚝해서 실제보다 훨씬 더 높고 웅장해 보인다. 이곳의 성당 건물은 789년에 소규모로 처음 세워졌다가 805년에 석조 성당으로 다시 지어졌다. 그 뒤로는 수차례 화재와 전쟁으로 파괴됐다가 1981년에야 현재와 같은 모습으로 복원됐다. 화재로 생긴 그을음 자국이 외벽 곳곳에 남아 있지만, 매우 정교하고 화려한 조각과 그림이 많아서 오래도록 사람들의 발길을 붙잡는 건축물이다.

대성당 주변에는 철혈 재상 비스마르크의 기마상과 넵튠 분수

브레멘 대성당 정문 위의 황금모자이크 벽화

브레멘 대성당 옆의
비스마르크 동상

Neptunbrunnen , 오래된 건물과 세계 여러 나라의 음식점 등이 몰려 있다. 넵튠 분수에 올라 물놀이를 즐기는 아이들, 성당 옆 그늘에서 케이팝에 맞춰 칼군무를 선보이는 소녀들, 과일 가게의 진열대에 빼곡하게 펼쳐진 제철 과일들…. 브레멘의 오래된 광장에는 낯선 이방인의 오감을 자극하는 풍경들로 가득했다.

대성당 광장에서 300m쯤 떨어진 쇠게슈트라세 Sögestraße 입구에 설치한 〈돼지와 목동Hirte mit Schweinen〉 상을 본 뒤에 다시 마르크트 광장을 지나 뵈트허 거리Böttcherstraße를 둘러봤다. 길드 하우스 왼쪽의 짧은 골목 끝에는 황금빛으로 번쩍이는 부조가 눈에 들어온다. 〈빛의 수호자Der Lichtbringer〉라 이름 붙인 이 부조는 베르하르트 회트거가 1936년에 제작해 히틀러에게 헌정했다. 하지만 히틀러는 '퇴폐적인 예술 작품'이라며 거부했다고 한다.

보행자 전용 거리인 쇠게슈트라세 입구의 〈돼지와 목동〉 상

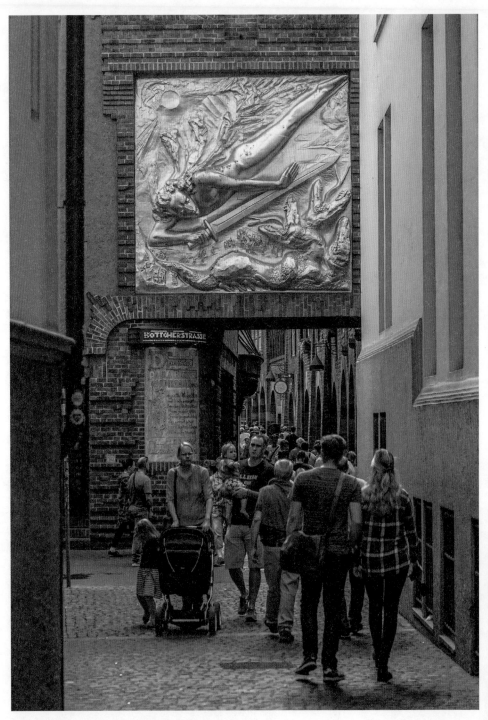

뵈트허 거리의 입구에 설치한 황금색 부조 〈빛의 수호자〉

〈빛의 수호자〉 아래를 통과하면 길이 100m가량의 뵈트허 거리가 시작된다. 이 짧고 비좁은 거리는 중세시대에 마르크트 광장과 베저 강 사이를 잇는 주요 통로였지만 지금은 각종 상점과 미술관, 레스토 랑과 바, 호텔 등이 들어서 있다. 글로켄슈필의 집 House of Glockenspiel, 로 빈슨 크루소 하우스 Robinson Crusoe Haus 등을 비롯해 붉은 벽돌로 지어 진 이곳 건물의 대부분은 커피 상인으로 큰 부를 축적한 루드빅 로젤 리우스가 1920~1930년대에 건축했다.

브레멘 구시가지는 넓지 않다. 마르크트 광장을 중심으로 반경 500m 안팎의 거리에 대부분의 명소가 있다. 앞서 말한 명소나 핫플 레이스 이외에도 브레멘 중앙역, 멋진 공원으로 탈바꿈한 해자와 2개 의 풍차, 브레멘의 젖줄인 베저강, 동화 같은 마을 슈노어 Schnoor 등이 모두 도보로 10~20분 거리에 있어서 산책하듯 둘러보기에 좋다.

뵈트허 거리의 글로켄슈필의 집

뫼르셴 캠핑장(Märchencamping)

'뫼르셴'은 우리 말로 '동화'라는 뜻이다. 실제로 그림 형제의 《브레멘 음악대》 같은 동화를 연상케 하는 풍경을 쉽게 만날 수 있다. 정문 옆에는 브레멘 음악대의 조형물이 설치돼 있고, 당나귀들이 캠핑장 안에서 자유롭게 돌아다니며 풀을 뜯는다. 수영장, 모바일홈, 동물 농장, 트램플린 등 다양한 시설을 갖추고 있다. 전체 규모가 대단히 크고 함부르크, 브레멘, 도르트문트, 쾰른 등을 연결하는 1번 고속도로와 가까워서 접근성도 좋다. 브레멘 구시가지에서 약 15km 거리에 있다.

뫼르셴 캠핑장을 자유로이 돌아다니는 당나귀들

⊛ 독일의 다른 도시에서 브레멘을 찾아가기에 가장 편리한 대중교통은 열차다. 브레멘 중앙역에서 구시가지의 시청까지는 1km밖에 떨어져 있지 않다.

⊛ 브레멘 구시가지에서 반드시 들러봐야 할 곳 중의 하나로 슈노어Schnoor 거리를 빼놓을 수 없다. 10세기에 어부들이 정착하면서 처음 형성된 이 거리는 브레멘에서 가장 오래된 지역이다. 비좁은 골목에는 브레멘 이야기의 집 Bremer Geschichtenhaus, 결혼의 집 Hochzeitshaus, 팩하우스 극장 Packhaustheater 등 15~16세기에

슈노어 거리의 좁고 고풍스런 골목

지어진 건물과 주택이 촘촘하게 늘어서 있어서 독일 전통주택의 전시장 같은 느낌이 든다.

⊛ 브레멘 슈노어에서 맛볼 수 있는 과자로 슈노어쿨러Schnoorkuller가 있다. 전통적인 수작업 방식으로 누가 크림을 속에 채우고 밀크 초콜릿과 구운 견과류로 코팅한 헤이즐넛 머랭이다. 이 과자를 처음 만든 슈노어제과Schnoorkonditorei에서 구입 가능하다.

역사 도시와 명승지가 즐비한
리히텐슈타인의 옛 영지

체코

Moravi

19

모라비아

리히텐슈타인 가문의 여름 별장이었던 레드니체성

Moravia

체코공화국Czech Republic은 크게 서부의 보헤미아 Bohemia와 동부의 모라비아Moravia로 나뉜다. 동북부에 실레시아Silesia 가 있지만, 지금은 대부분 폴란드 영토가 되었다. 체코어로 '모라바 Morava'로 부르는 모라비아는 일찍이 833년부터 907년 사이에 방대 한 슬라브족 국가를 건설한 대모라비아 왕국Great Moravia의 본거지였 다. 현재 모라비아의 면적(2만 2,623km²)은 우리나라의 강원도(2만 569km²)보다 조금 더 크고, 인구(약 320만 명)는 경상남도(약 330만 명) 보다 약간 적다.

내가 모라비아에 관심을 갖게 된 것은 리히텐슈타인 공국Principality of Liechtenstein의 역사를 알게 되면서부터였다. 세계에서 여섯 번째로 작 은 이 나라가 20세기 초까지만 해도 지금보다 수십 배나 더 큰 나라였 다는 사실에 놀라움을 금치 못했다. 리히텐슈타인의 역사는 12세기 까지 거슬러 올라간다. 1136년에 후고 폰 리히텐슈타인이 오스트리아 빈Wien의 리히텐슈타인성에서 처음 가문을 열었다. 그 뒤로 빈과 오스 트리아 북부 지방을 근거지로 번영을 누리면서 체코 남동부의 모라비

완만한 구릉의 모라비아 호밀밭에 빨간 꽃양귀비가 드문드문 피었다.

아 지방까지 영지를 넓혔다. 13세기 중반에는 모라비아 남부 미쿨로 프 Mikulov의 성과 마을을 소유하게 됐고, 14세기 후반에는 레드니체 Lednice와 발티체 Valtice 일대까지 영지를 확장했다.

합스부르크 왕가의 대공이었던 리히텐슈타인 가문은 모라비아 지 방의 농업과 산업 발전에 크게 기여했다. 다양한 농업 기술을 도입해 생산성을 높였고 섬유, 철강 등을 중심으로 한 산업화도 적극 추진했다. 문화, 예술 분야를 지원했고, 도로나 철도 같은 사회 기반 시설도 확충했다. 하지만 리히텐슈타인 가문은 제2차 세계대전 직후에 '독일 및 독일 연합국 소유의 재산 몰수법'을 만든 체코슬로바키아 정부에 모라비아를 비롯한 체코 내의 모든 영지와 재산을 몰수당했다. 독일 연합국인 오스트리아와 아주 밀접한 관계였다는 것이 그 이유였다. 사실 이 가문의 오스트리아 내 영지와 재산은 제2차 세계대전이 발발하기 직전인 1938년에 이미 오스트리아를 합병한 독일의 나치 정권에 빼앗긴 상태였다. 리히텐슈타인은 최근까지 체코 정부를 상대로 모라비아를 비롯한 체코 내의 영지에 대한 소유권을 돌려달라는 소송을 제기했지만 체코 법원에서는 이를 기각했다.

리히텐슈타인 가문의 '아름다운 시절', 레드니체-발티체 문화 경관

모라비아 지방에 대한 나의 관심은 리히텐슈타인 가문의 중심 영지이자 옛 저택과 여름 별장이 남아 있는 발티체와 레드니체에 집중됐었다. 그런데 뜻밖에도 그곳을 오가는 길에서 만난 모든 것이 내 마음을 사로잡았다. 모라비아 특유의 목가적인 풍경, 올로모우츠 Olomouc와 크로메르지시 Kroměříž 같은 중세 도시의 예스러운 멋에 매료되었다. 모라비아의 산과 들, 도시와 마을을 쏘다니는 내내 감탄사만

리히텐슈타인 가문의 대저택이었던 발티체성의 웅장한 모습

연발했다.

　오스트리아와의 국경에서 1km도 떨어지지 않은 곳에 발티체성 Valtice Castle이 자리 잡았다. 12세기에 고딕 양식으로 처음 건설된 이 성은 1249년부터 리히텐슈타인 가문이 소유하게 됐다. 1530년부터 1945년까지 무려 400년이 넘는 세월 동안에는 리히텐슈타인 가문의 중심 주거지였다. 이 가문 사람들은 본격적인 더위가 시작되기 직전인 5월에 이곳을 떠나 레드니체성에서 여름을 났다. 무더위가 꺾이고 바람이 선선해지는 9월이 되면 발티체성으로 다시 일상 공간을 옮겼다.

　발티체성은 18세기 초에 오랜 공사를 거쳐 현재와 같은 바로크 양식의 건물로 재건축됐다. 성 내부에는 대리석홀, 도서관, 예배당, 침실

발티체성 입구의 조각상

발티체성 근처의 전망 좋은 언덕에 세워진 레이스트나 콜로나다

뿐만 아니라 실내 온도를 17℃까지 일정하게 유지해주는 난방 시스템까지 설치됐다고 한다. 1945년부터 체코공화국의 국유재산이 되어 체코 국립문화유산관리청이 관리하는 이 성에는 현재 호텔, 레스토랑, 카페, 와인 셀러, 기념품점 등이 들어서 있다.

발티체성 주변을 포함한 레드니체-발티체 문화 경관Lednice-Valtice Cultural Landscape 내에는 레이스트나 콜로나다Kolonáda Reistna, 다이애나 신전Dianin Chram, 벨베데르 작은 성Zámeček Belveder, 세 가지 은혜의 신전 Chrám Tří Grácií 등 리히텐슈타인 가문의 독특한 건축물들이 옛 모습 그대로 남아 있다. 그중에서 발티체 근처의 호모레 Homole 언덕에 세워진 레이스트나 콜로나다는 꼭 한번 방문해볼 만하다. 길쭉한 개선문 형태의 이 건축물은 리히텐슈타인 가문의 요한 요제프 1세가 아버지와 형제들을 기리기 위해 19세기 초에 건설되었다. 24개의 코린트식 기둥이 떠받치는 건축물의 중앙에는 승리의 아치가 설치돼 있다. 웅장한 건축물 자체도 인상적이지만, 이곳에서 바라보이는 전망이 황홀하리만치 아름답고 상쾌하다. 시야가 맑은 날에는 레드니체성의 미너렛 Minaret, 미쿨로프성, 슬로바키아의 카르파티아산맥과 오스트리아의 팔켄슈타인Falkenstein성까지도 또렷이 보인다.

현재 모라비아에 남은 리히텐슈타인의 유산 가운데 가장 눈길을 끄는 것은 레드니체성 Lednice Castle이다. 발티체성에서 레드니체성으로 가려면 남부 모라비아의 드넓은 들녘을 가로지르는 약 7km의 직선도로를 지나야 한다. 마을 내의 두어 군데 말고는 자로 그은 듯이 완벽한 직선이다. 리히텐슈타인 가문은 영지 내의 원활한 교통과 연결을

레드니체성 내부의 참나무 통원목 계단   레드니체성 정원에 우뚝 솟은 미너렛

위해 17세기와 18세기에 걸쳐 이 도로를 직접 만들었다고 한다.

체코어로 'Lednice(레드니체)'는 '냉장고'를 뜻한다. 호수에 둘러싸인 레드니체 마을은 한여름에도 냉장고처럼 시원하다. 숲이 울창해서 나무 그늘도 많고 시원한 바람이 쉼 없이 분다. 리히텐슈타인 가문이 레드니체성을 여름 별장으로 사용한 것도 그런 이유에서다. 1222년에 고딕 양식의 요새로 처음 건설된 레드니체성은 원래 시로텍 가문의 소유였다. 그로부터 150년쯤 뒤인 1371년에 리히텐슈타인 가문에게 소유권이 넘어갔고, 1858년에는 네오고딕 양식으로 재건축되었다. 발티체성과 마찬가지로, 체코슬로바키아 정부에 소유권이 넘어간 1945년

이후에 일반인에게 공개됐다. 1996년에는 레디니체성과 발티체성 일대의 $283.09km^2$(약 8,563만 평)에 이르는 방대한 지역이 '레드니체-발티체 문화 경관'이라는 이름으로 유네스코 세계문화유산에 등재됐다.

레드니체성에는 왕자와 공주의 방을 비롯해 400여 개의 방과 350여 개의 비밀 문이 있다. 참나무 고목 하나를 8년 동안이나 통째로 깎아 만들었다는 나선형 계단, 690kg이나 되는 초대형 샹들리에, 고래 앞니를 박았다는 유니콘의 머리, 인공적으로 만든 바로크 양식의 동굴 등과 같이 독특한 장식품과 구조물이 많다. 이 성에서 특히 눈길을 끄는 것은 무려 200ha(60만 5,000평)에 이를 정도로 방대한 정원이다. 열대 및 아열대 식물로 가득한 야자나무 온실 Palm House, 베네치아 분수 Venetian Fountain, 로마 수도교 Roman Aqueduct, 이슬람 사원의 부속시설인 미너렛은 다소 뜬금없어 보인다. 아랍어로 '등대'라는 뜻의 미너렛

레드니체성의 정원 관리사. 뒤에 베네치아 분수가 보인다.

은 원래 이슬람 사원에 높이 솟은 뾰족 탑이기 때문이다. 한때 19세기에 유럽 귀족 사이에서는 미너렛처럼 이국적인 건축물을 세우는 것이 유행이었다고 한다. 무려 302개의 계단을 밟고서 이 미너렛 꼭대기에 올라서면 레드니체성과 드넓은 정원이 한눈에 들어온다. 처음부터 폐허 건물로 지어졌다는 존스성도 미너렛 못지않게 이색적인 건축물이다. 중심 거점이 달라지긴 했지만, 여태까지도 막대한 부와 권위를 가진 리히텐슈타인 가문의 독특한 취향을 짐작케 한다.

화려함과 소박함이 절묘하게 어우러진 역사 도시, 크로메르지시

레드니체에서 북동쪽으로 약 85km, 자동차로는 1시간 반쯤의 거리에 인구 2만 8,000여 명의 고도 크로메르지시 Kroměříž 가 있다. 넓고 빠른 길보다 좁고 느린 길을 일부러 택했다. 모라비아의 전원 풍경을 조금이라도 더 보고 싶어서였다. 이탈리아의 토스카나 지방을 연상케 하는 서정적이고 목가적인 풍경이 끝없이 이어졌다. 목적지가 차츰 가까워지는 것조차 아쉬울 정도였다.

크로메르지시는 '모라비아'라는 지명을 낳은 모라바강 Morava River 유역에 자리한 소도시다. 대모라비아 왕국 시절인 9세기에 모라바강의 범람원에 사람들이 모여 살면서 이 도시의 역사가 시작됐다. 올로모우츠 주교구에 속하게 된 12세기에는 고딕 양식의 요새를 구축했고

레드니체에서 크로메르지시로 가는 길에 보이는
로슈틴 공원 묘지hřbitov Roštín 주변의 목가적 풍경

올로모우츠 대주교의 주거지였던 크로메리츠성의 연못

13세기부터는 호박琥珀과 소금 교역의 중심지로 발전해 오랫동안 번
영을 누렸다.

　현재 크로메르지시의 구시가지에는 1998년에 유네스코 세계문화
유산으로 등재된 크로메리츠성 Zámek Kroměříž 과 정원이 있다. '대주교
의 성 Archbishop's Chateau'이라고도 하는 이 성은 17세기 초에 올로모우츠

교구의 주교 거주지로 처음 지어졌다. 당시 유럽에서는 가톨릭 국가와 개신교 국가 사이에 30년 전쟁(1618~1648)이 한창이었다. 그런 와중에 올로모우츠 역시 개신교 국가인 스웨덴의 공격으로 크게 파괴되었다. 올로모우츠 교구의 주교들은 상대적으로 안전한 크로메르지시에 크로메리츠성을 건설해 거처를 옮겼다.

크로메리츠성에는 부속 정원이 두 개 있다. 크로메리츠성 내의 포드자메츠카 정원 Podzámecká zahrada, 이 성에 하나 남은 성문인 밀게이트 Mil Gate에서 도보로 900m쯤 떨어진 크베트나 자흐라다 Květná zahrada 다. '성 정원 Chateau Garden'으로도 부르는 포드자메츠카 정원은 원래 과일, 채소, 꽃을 재배하는 '텃밭용'으로 만들어졌다. 그러다 17세기에 바로크 양식, 19세기에 다시 영국식의 낭만적인 정원으로 바뀌었다. 이 정원에는 한때 해자로도 활용한 수로와 연못, 19세기 중반에 만든

크베트나 자흐라다의 로툰다와 기하학무늬로 꾸며진 정원

진 폼페이식 열주 Pompeian colonnade와 중국식 파빌리온 Čínský pavilon, 그리고 작은 동물원 등이 있다. 64ha(19만 3,600평)나 될 정도로 면적이 넓고 자연스럽게 꾸며져 있어서 느긋하게 산책하거나 소풍을 즐기기에 좋다.

크베트나 자흐라다는 '꽃 정원 Flower Garden'이라는 뜻이다. 1665년에 크로메리츠성 밖의 불모지와 습지를 개간해서 만들었다고 한다. 프랑스 바로크 스타일의 화려한 장식, 이탈리아 르네상스 스타일의 대칭 구조와 기하학적 패턴이 뒤섞여 치밀한 인공미가 느껴진다. 팔각형 로툰다(지붕이 둥근 건물)를 중심에 두고, 주변에 기하학무늬의 꽃밭을 방사형으로 배치했다. 한쪽 면에는 그리스 로마 신화에 등장하는 아폴로, 헤라클레스, 비너스, 다이애나 등의 조각상이 44개나 늘어선 콜로네이드를 세워 아케이드와 전망대로 활용했다. 그 밖에 미로와 분수, 오렌지 정원과 네덜란드 정원, 온실 등도 설치돼 있다. 사랑하는 사람의 손을 잡고 이 정원을 찬찬히 둘러보노라면, 영화 속 주인공이 된 듯한 착각마저 불러일으킬지도 모른다.

화려함과 소박함이 절묘하게 어우러진 크로메르지시의 구시가지 거리도 아주 인상적이었다. 천박하지 않은 화려함과 낙후되지 않은 소박함이 거리 곳곳에서 묻어났다. 정면으로 크로메리츠성의 천수각 Zámecká věž과 첨탑이 보이는 크로메리츠 광장 Square Kromeriz의 나무 그늘에 앉아서 낯선 도시의 나른한 오후를 한동안 만끽했다. 오가는 사람들의 환한 낯빛과 아이들의 천진한 웃음소리만 들어도 더없이 행복한 시간이었다.

크로메리츠 광장의
젊은 부부와 아이들

모라비아의 '역사 수도', 올로모우츠

크로메르지시에서 자동차로 1시간쯤 달리면 올로모우츠Olomouc에 도착한다. 뱃길이 주요 교통로였던 옛날에는 모라바강 물길을 거슬러 올랐을 것이다. 올로모우츠는 체코에서 여섯 번째로 인구가 많은 도시다. 그러나 문화유산은 수도인 프라하에 이어 두 번째로 많다. 이 도시의 역사는 고대 로마 시대까지 거슬러 올라간다. 로마 제국의 초대 황제 아우구스투스의 양아버지이자 뛰어난 군사 전략가이며 정치 개혁가인 율리우스 카이사르 B.C. 100~B.C. 44가 처음 세웠다고 한다. 30년 전쟁 당시에 스웨덴군의 점령으로 도시의 80%가량이 폐허로 변하기 전까지는 모라비아의 수도 역할을 했다. 현재는 모라비아 지방의 4개 주 가운데 하나인 올로모우츠주Olomoucký kraj의 주도다.

11세기에 주교구가 설립된 올로모우츠는 프라하와 함께 체코 가톨릭 교회의 중심지이기도 했다. 올로모우츠 주교는 대교구로 승격된 1777년 이전부터 이미 올로모우츠뿐만 아니라 모라비아 지방의 최고 통치자였다. 당시 이 지방에서 가장 영향력이 큰 귀족인 리히텐슈타인 가문과는 때로 협력하고 때로 갈등했지만, 기본적으로는 상호의존하며 상생관계를 유지했다.

체코

올로모우츠 여행의 출발지인 호르니 광장의 성 삼위일체 석주

올로모우츠의 첫인상은 프라하의 동생, 크로메르지시의 형 같았다. 물론 한 부모에게서 태어난 형제도 저마다 성격과 개성도 다르게 마련이다. 올로모우츠 역시 프라하나 크로메르지시와 닮은 듯하면서도 사뭇 달랐다. 프라하의 고풍스런 멋은 닮았지만 훨씬 더 차분하고 고즈넉했다. 크로메르지시처럼 조용하고 소박하면서도 훨씬 더 생기발랄하고 역동적이었다. 두 역사 도시의 단점은 빼고 장점만 오롯이 모아놓은 도시라는 생각이 들었다.

올로모우츠에서는 처음부터 기분 좋고 발걸음도 가뿐했다. 딱히 목적지를 정하지 않은 채 마구 쏘다녔다. 그래 봤자 동선은 결국 호르니 광장Horní náměstí에서 반경 300m 이내의 구시가지를 벗어나지 못했다. 안개 자욱한 산중에서 방향 감각을 상실하고 제 자리만 빙빙 도는 링반데룽Ringwanderung 같은 방황을 오래된 이 도시에서도 경험했다. 매우 유쾌하고 행복한 방황이었다.

올로모우츠 여행의 출발지는 언제나 호르니 광장이다. 구시가지 한복판에 있는 이 광장에는 올로모우츠의 랜드마크인 성 삼위일체 석주Holy Trinity Column가 우뚝하다. 높이 35m의 이 석주는 페스트가 끝난 것을 기념하기 위해 37년간의 긴 공사 끝에 1754년에 완공됐다. 예수의 열두 제자와 성모 마리아의 가족 등 성인상 30개, 12사도의 반신부조 12개가 빼곡하게 조각돼 있다. 호르니 광장과 이웃한 돌니 광장Dolní náměstí에도 성 삼위일체 석주와 비슷한 마리안 석주Mariánský sloup가 세워져 있다. 바로크 양식의 이 기념물도 모라비아 지방의 페스트가 끝난 것을 기념하기 위해 8년 간의 공사를 거쳐 1723년에 완공됐다. 맨 꼭대기에는 성모 마리아Immaculata, 아래쪽에는 8명의 성인 조각상이 배치돼 있다.

올로모우츠는 '분수의 도시'라 부를 정도로 특색 있는 분수가 많다. 호르니 광장에 헤라클레스 분수Hercules Fountain, 카이사르 분수Caesar Fountain, 아리온 분수Arion Fountain가 있고, 근처의 돌니 광장에는 넵튠

호르니 광장의 시청 앞에 설치한 올로모우츠 구시가지의 청동 모형

올로모우츠 구시가지 거리의 〈Selfie King〉 벽화. 포르투갈 출신의 그래피티 작가인 미스터 데오(Mr. Dhea)가 셀카봉을 든 에드워드 7세 영국 국왕을 사실적으로 그렸다.

분수Neptune Fountain 와 주피터 분수Jupiter Fountain 가 있다. 그밖에 머큐리 분수Mercury Fountain 와 트리톤 분수Triton Fountain 도 구시가지에 있다. 그 중 넵튠 분수와 헤라클레스 분수는 1680년대, 아리온 분수는 2002년에 세워졌고 나머지 분수는 1700년대에 만들어졌다. 근래 조성된 아리온 분수를 제외하고는 모두 바로크 양식의 유서 깊은 분수다.

올로모우츠의 분수들 중에서는 카이사르 분수와 아리온 분수가 가장 인상 깊다. 올로모우츠에서 가장 큰 분수인 카이사르 분수는 이 도시를 처음 세웠다는 율리우스 카이사르를 기념해 1725년에 만들었다. 모라바강과 다뉴브강을 의인화한 두 남자가 떠받치는 분수대 중앙에 말을 탄 카이사르의 조각상이 배치돼 있다. 아리온 분수는 그리스 신화에 등장하는 시인이자 음악가인 아리온이 해적에게 납치돼 바다에 던져졌다가 돌고래의 도움으로 목숨을 건졌다는 이야기를 형

올로모우츠를 창립한 인물로 알려진 카이사르의 분수

상화했다. 낮고 넓게 디자인한 이 분수를 놀이터 삼아 뛰노는 아이들의 모습이 무엇보다 흐뭇했다.

올로모우츠의 명물 중 하나로 시청Olomoucká Radnice 북쪽 벽의 천문 시계를 빼놓을 수 없다. 매일 정오가 되면 각양각색의 인형들이 나와서 재미있는 퍼포먼스를 보여주는 기계식 시계다. 15세기에 처음 제작한 이 시계는 제2차 세계대전 중에 크게 파괴됐다. 그때까지도 시계 속의 인형과 그림은 종교적 인물들로 표현돼 있었다. 그러나 1955년에 복원되는 과정에서는 사회주의 리얼리즘이 반영되어 노동자, 농부, 대장장이, 운동선수 등과 같은 '프롤레타리아 인민'들로 교체되었다. 예술까지도 이데올로기가 지배하던 시대상을 고스란히 담고 있는 시계다.

올로모우츠는 대교구가 소재한 도시답게 성 바츨라프 대성당Katedrala svateo Vaclava, 성 모리셔스 성당Kostel sv. Morice, 성 미카엘 성당Chrám sv.

사회주의 리얼리즘이 반영된 시청 천문 시계

Michala 등 유서 깊은 성당이 많다. 그 가운데서도 올로모우츠 대교구의 중심 성당인 성 바츨라프 대성당은 꼭 들러봐야 한다. 호르니 광장에서 1km쯤 떨어져 있어서 걸어가기 딱 좋다. 1131년에 로마네스크 양식으로 처음 건축한 이 대성당은 이후 고딕 양식, 고딕 리바이벌 양식 등으로 개조하거나 재건축했다. 성 바츨라프 대성당의 가장 두드러진 특징은 높다란 첨탑이 세 개나 된다는 점이다. 특히 남쪽 첨탑은 높이 100.65m로 모라비아에서 가장 높다. 체코 전체를 통틀어도 두 번째로 높다고 한다. 다양한 고딕 양식으로 장식한 성당 안으로 들어서면 화려한 스테인드글라스 창문이 눈길을 붙잡는다. 이름을 빌려온 바츨라프 1세 보헤미아 공작의 무덤도 이 성당 안에 있다.

성 바츨라프 대성당 내부의 스테인드글라스 창문

올로모우츠 대교구의
중심 성당인
성 바츨라프 대성당

체코 최고의 지질 명소, 마코차 협곡과 푼크바 동굴

남모라비아주 Jihomoravský kraj 의 주도인 브르노 Brno 시의 북쪽에는 체코공화국의 자연경관 보호구역으로 지정된 모라비아 카르스트 Moravian Karst 가 있다. 92km²(2,738만 평) 면적에 무려 1,100여 개의 동굴과 협곡이 있는 석회암 지형이다. 마코차 협곡 Macocha Gorge 과 푼크바 동굴 Punkva caves 은 이곳의 대표 지질 명소로 꼽힌다.

마코차 협곡은 깔대기 모양의 돌리네 doline 가 물에 의한 침식작용으로 바닥이 푹 꺼지면서 만들어진 싱크홀이다. 그 깊이가 무려 138m로 중부 유럽에서 가장 깊은 싱크홀이다. 체코어 'Macocha(마코차)'는 계모라는 뜻이다. 근처의 빌레모비체 마을에 살던 어느 계모가 의붓아들을 이곳에 밀어 넣어 죽인 뒤 자신도 양심의 가책을 느껴 몸을 던졌다는 전설에서 그런 이름이 붙었다. 잔혹한 전설을 간직한 마코차 협곡은 상부 Horni mustek , 하부 Dolni mustek , 바닥의 3군데 전망대에서 전체 규모를 가늠해볼 수 있다. 그중 바닥 전망대는 푼크바 동굴 안에 있다. 협곡과 동굴은 한 몸으로 이어져 있기 때문이다.

마코차 주차장에 차를 세우고 1~2분 거리의 상부 전망대에서 마코차 협곡을 조망했다. 악마의 입처럼 벌어진 협곡 밑바닥에는 푸릇한 땅과 작은 호수가 보인다. 아득한 심연을 내려보는 듯한 긴장감과 전율이 느껴진다. 이 협곡을 마코차 심연 Macocha Abyss 으로도 부르는 까닭이 짐작된다. 조붓한 숲길을 지나 절벽 중간쯤에 설치된 하부 전망대로 자리를 옮겼다. 푼크바 동굴 안에서 마코차 협곡을 올려다보

마코차 협곡의 하부 전망대에서 올려다본 상부 전망대

하부 전망대에서 푼크바 동굴 입구로 가는 숲길

푼크바 동굴 안의 마코차 협곡. 작은 호수도 2개 있다.

는 사람들, 깎아지른 절벽 위의 상부 전망대에서 협곡을 내려다보는 사람들이 모두 시야에 들어온다.

마코차 협곡과 푼크바 동굴의 속내를 온전히 들여다보고 싶었다. 하부 전망대에서 푼크바 동굴 입구까지는 도보로 20분 남짓 걸렸다. 완만한 내리막과 평지를 지나는 숲길이라 전혀 힘들지 않았다. 오히려 숲의 청신한 기운과 적당히 고즈넉한 분위기가 걷는 즐거움을 배가시켰다.

푼크바 동굴은 같은 석회동굴인데도 우리나라의 석회동굴과는 확연히 다르다. 우리나라의 석회동굴 대부분이 개인별 자유 관람이 가능한 것과는 달리, 푼크바 동굴은 반드시 가이드와 함께 움직여야

푼크바 동굴의 거대한 종유 커튼(베이컨 시트). 이 동굴은 가이드 투어만 가능하다.

한다. 우리나라의 석회동굴 중에서는 삼척 대금굴만 이런 방식으로
관람할 수 있다. 총 길이가 4km쯤 되는 푼크바 동굴에서 관광객에게
개방되는 구간은 1,250m다. 60~70분이 소요되는 동굴 투어는 크게
도보 탐방 구간과 보트 이동 구간으로 나뉜다.

　길이가 810m쯤 되는 도보 탐방 구간은 우리나라의 석회동굴 탐방
로와 별로 다르지 않다. 이 구간에서는 3개의 돔(광장)을 지나게 된다.
4m의 종유석과 '거울 호수'가 있는 전방 돔Front Dome, 여러 개의 높은
굴뚝과 수직 통로가 있는 라이헨바흐 돔Reichenbach Dome을 거쳐 난쟁
이, 화병, 터키 묘지, 바늘 등 독특한 이름의 종유석이 즐비한 후방 돔
Back Dome을 통과한다.

푼크바 동굴 내부의 보트 선착장

처음부터 줄곧 좁은 통로만 지나오다 갑자기 거대한 광장에 들어서면 도보 탐방 구간은 끝난다. 대단히 높고 넓은 이 광장이 바로 마코차 협곡이다. 광장을 완벽하게 에워싼 수직 절벽 위로 손바닥만 한 하늘이 보인다. 협곡 바닥에는 두 개의 작은 호수도 형성돼 있다. 불과 1~2시간 전에 내가 서 있었거나 바라보던 풍경이 전혀 다른 차원의 세상으로 바뀌어 눈앞에 펼쳐졌다. 일찍이 경험해보지 못한 경이와 신비감이 온몸을 전율케 했다.

이제는 동굴을 벗어날 일만 남았다. 푼크바 동굴 투어는 아주 이색적인 방식으로 대미를 장식한다. 동굴 내부에는 푼크바강Punkva River이 유유히 흐르는데, 이 강에 띄운 낮고 평평한 보트를 타고 밖으로 나가게 된다. 동굴 속의 강을 따라 440m가량 이동하는 도중에는 잠시 배를 멈추고 뭍에 올라서 마사리크 돔Masaryk's Dome 의 장관을 감상하는 이벤트도 한다. 모라비아 카르스트에서 가장 아름답다는 이 돔에는 물과 억겁의 시간이 합심해서 만든 석주, 석순, 종유석, 베이컨 시트 등을 비롯한 자연의 걸작품들이 사방천지에 가득했다. 사람들은 신음 같은 감탄사만 연신 쏟아냈다. 어쩌면 남은 생에 두 번 다시 보기 어려운 진풍경일지도 모르겠다는 생각조차 들었다.

모라비아에서의 사흘이 쏜살같이 흘렀다. 애초에는 레드니체-발티체 문화경관만 한나절 동안 둘러본 뒤에 슬로바키아로 넘어갈 작정이었다. 일정이 세 곱절로 늘어났는데도 시간은 부족했고 아쉬움은 컸다. 모라비아의 전원 풍경이 가장 아름답다는 5월에 다시 찾으리라 기약하며 체코-슬로바키아 국경을 넘었다.

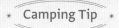

발도베츠 캠핑장(Camping Baldovec)

마코차 협곡 입구의 주차장에서 자동차로 20여 분 거리에 있다. 외진 숲길의 종점에서 마주한 캠핑장은 기대 이상으로 크고 시설도 다양했다. 울창한 숲과 드넓은 초원에 방갈로, 레스토랑, 수영장, 극기훈련장, 캠핑 사이트 등이 들어서 있다. 하지만 괜찮은 자연환경에 비해 편의시설은 낙후된 편이다. 유료 사용만 가능한 것도 있다. 그래서 2박 이상 머무는 것은 권하지 않는다.

발도베츠 캠핑장의 캠핑 사이트

✳ Travel Tip ✳

⊛ 레드니체-발티체 문화경관 내의 모든 입장권을 개별적으로 구입하면 대단히 부담스럽다. 첫 번째 방문지의 매표소나 관광 안내소, 레드니체성 공식 홈페이지에서 통합 입장권을 구입하는 것이 경제

적이다.

✵ 체코 와인의 90% 이상이 모라비아 지방에서 생산된다. 리히텐슈
타인 가문이 오랜 세월에 걸쳐서 포도 농사와 와인 산업을 적극
육성한 덕택이다. 발티체성 지하에는 체코에서 가장 크고 오래된
와인 저장고Valtické Podzemí가 있다. 매년 발티체 와인 페어에서 뽑힌
체코의 우수 와인 100종이 이곳에 저장된다. 와인 시음 없는 개인
투어의 입장료는 80CZK(체코코루나. 약 5,000원)이다. 와인을 시음
하는 가이드 투어의 요금은 시음 와인의 가짓수별로 다르다. 물론
와인도 구입할 수 있다.

✵ 레드니체성 정원은 하도 넓어서 작은 유람선까지 운항한다. 본관
건물에서 북쪽으로 250m쯤 떨어진 물가에 유람선 선착장Přístaviště
Pod zámkem이 있다. 여기서 출발한 배는 미너렛 입구Přístaviště Minaret
를 거쳐 존스성 입구Přístaviště Janohrad까지 갔다가 되돌아온다. 걷기
에도 적당한 거리여서 편도만 배를 이용하는 것이 좋다.

발티체성의 와인 저장고

레드니체성의 유람선 선착장

⊛ 모라비아 여행의 첫 목적지가 발티체성이고, 대중교통으로 그곳을 찾아가야 한다면 체코 수도인 프라하보다 오스트리아 수도인 빈에서 출발하는 것이 훨씬 가깝고 소요시간도 절반 이하로 줄어든다. 운이 좋으면 빈 중앙역에서 발티체성까지 1시간 30분 안팎에 도착할 수도 있다.

⊛ 푼크바 동굴 입구를 찾아가는 방법은 3가지가 있다. 1. 마코차 주차장에 주차하고 마코차 협곡의 상·하부 전망대에 들른 뒤 20여 분쯤 숲길을 걸어 찾아가는 방법. 2. 마코차 주차장 근처의 상부 승강장 Lanová dráha Macocha에서 케이블카를 타고 하부 승강장 Lanová dráha - Punkevní jeskyně 으로 내려간 뒤에 150m를 걸어가는 방법. 3. 푼크바 동굴 주차장 Parkoviště Punkevní jeskyně에 차를 세운 뒤 꼬마열차를 타고 동굴 앞에 도착하는 방법

⊛ 푼크바 동굴은 인기 관광지여서 주말이나 휴일, 휴가철 성수기에는 가급적이면 예약하는 것이 좋다.

푼크바 동굴 케이블카

푼크바 동굴 꼬마열차

리투아니아의
과거와 현재의 수도

리 투 아 니 아

Trakai & V

20

트라카이
&
빌뉴스

갈베 호수에 동화 속의 성처럼 떠 있는 트라카이성

Trakai & Vilnius

　　리투아니아, 라트비아, 에스토니아는 흔히 '발트 3국' 이라 부른다. 같은 듯하면서도 다른 이 세 나라를 너무 좋아한다는 남자를 오래전에 만났다. 공적인 업무로 어쩌다 한 번씩 만나던 그 사람은 발트 3국의 매력에 대해 열변을 토하곤 했다. 유럽 어느 나라보다도 마음 편해서 매년 한 번쯤은 찾는다고 했다. 그곳에서는 밭매는 시골 아가씨도 김태희보다 예쁘다고 말했다. 자기도 그곳 아가씨를 만나 결혼하고 싶다는 속내를 내비친 적도 있다. 그로부터 한참 뒤에 내 눈으로 직접 본 발트 3국은 그 남자의 말과 크게 다르지 않았다. 밭매는 아가씨가 김태희보다 더 예쁜지는 확인하지 못했지만, 미스유니버스 뺨치는 정도의 미녀는 어딜 가나 쉽게 눈에 띄었다.

　　발트 3국 중에서 면적이 가장 넓고 인구도 가장 많은 리투아니아에 먼저 들렀다. 면적은 우리나라의 66%쯤 되는 6만 5,300km²인 반면에, 인구는 약 5.5%인 285만여 명에 불과하다. 겨울이 길고 습지가 많아서 인구 밀도는 매우 낮은 편이다. 리투아니아에는 B.C. 3000년 경부터 발트족이 살기 시작했다고 한다. 역사 기록에 리투아니아가

사랑스런 눈길로 어린 아들을 바라보는 리투아니아 '미녀' 엄마

처음 언급된 것은 1009년에 발생한 브루노 주교의 순교 사건이다. 기독교 전파를 위해 리투아니아에 들어온 독일의 브루노 주교가 리투아니아 통치자에게 기독교 세례를 했다가 현지 이교도들의 반발로 목숨을 잃은 사건이다.

리투아니아는 발트 3국 가운데 가장 오랜 역사를 이어온 나라이기도 하다. 민다우가스 Mindaugas 가 발트족의 여러 세력과 부족을 통합해 1236년에 리투아니아 대공국을 세웠다. 그는 1253년에 교황 인노첸시오 4세에게서 왕관을 받아 정식으로 리투아니아 대공국의 초대 군주로 즉위했다.

리투아니아의 첫 수도는 케르나베 Kernave 였다. 그러다 독일의 검은 형제 기사단Schwertbrüderorden의 공격을 받자 1321년에 남쪽으로 30km 쯤 떨어진 트라카이로 수도를 옮겼다. 2년 뒤인 1323년에는 리투아니아 역사상 가장 위대한 통치자 중 한 사람인 게디미나스Gediminas 대공에 의해 다시 빌뉴스로 옮겨졌다. 전략적으로 더 유리하다는 판단에서다. 실제로 여러 호수에 둘러싸인 트라카이는 방어에만 유리한 반면, 네리스강Neris River과 빌니아강Vilnia River이 유유히 흐르는 빌뉴스는 방어와 교역에 모두 유리한 자연조건을 갖췄다.

트라카이의 전략적 중요성은 수도가 옮겨진 뒤에도 약화되지는 않았다. 1300년대 후반에는 게디미나스의 아들이자 리투아니아 대공국의 공동 통치자인 케스투티스Kestutis가 갈베 호수Galves Ezeras 안의 작은 섬에 트라카이성Trakai Castle을 짓기 시작했다. 그곳에 자신의 관저와 보물 창고도 만들었다. 그가 리투아니아 대공국을 한때 공동 통치하던 조카 요가일라Jogaila에게 암살된 뒤에는 아들 비타우타스Vytautas 대공이 트라카이성의 마무리 공사를 계속해서 1430년에 완공시켰다.

트라카이성의 현재 모습은 1960년대에 복원된 것이다. 건너편 호숫가에서 바라보면 동화 속의 그림처럼 아름다운 성이 잔잔한 수면 위에 두둥실 떠 있는 듯하다. 두 눈으로 직접 보지 않은 사람은 현실의 풍경으로 믿기지도 않을 성싶다. 마치 딴 세상에 와 있는 듯한 착각마저 들 만큼 환상적인 풍경이다.

트라카이성 주변의 호수와 거리는 관광객으로 북적거렸다. 마침 휴일이라 리투아니아 국민이 다 모여든 것 같다. 잔잔한 호수에는 페달보트, 요트, 나룻배, 패들보드 등 형형색색의 무동력 탈것들이 사람들을 태우고 미끄러지듯 떠다녔다. 사랑하는 가족, 연인, 친구와 함께 하기 때문인지, 다들 얼굴에 희색이 가득했다. 그 모습을 바라보는 것만으로도 기분 좋고 인파에 떠밀리듯 걸어도 짜증스럽지 않다. 마주치는 사람들의 행복 바이러스가 나까지 전염시킨 듯했다.

나무다리 2개를 건너 트라카이성 안으로 들어갔다. 작은 섬 3개를 연결한 자리에 세워진 이 성은 생각보다 크지는 않다. 길이가 약 150m, 너비가 80m쯤 되는 내부는 크게 두 구역으로 나뉜다. 15세기에 확장 공사를 하면서 앞쪽의 성과 뒤쪽의 공작궁Ducal Palace 사이에 해자를 새로 설치했기 때문이다. 적이 접근하기 어렵게 해서 성의 방어력을 높이는 구조다. 당시 호수의 수위는 지금보다 2m쯤 더 높아서

트라카이성 주변의 호수에서 패들보드를 즐기는 여성들

해자에도 작은 배가 떠다닐 수 있었다고 한다.

　트라카이성은 천수각, 공작궁, 해자, 방어탑, 아치형의 성문과 다리, 나무다리, 예배당 등 다양한 건물과 방어 시설로 구성돼 있다. 그중 높이 35m의 6층 규모 건물인 천수각이 가장 먼저 눈에 들어온다. 이 성의 가장 중요한 방어 시설이자 예배당과 생활공간을 갖춘 건물이다. 현재 이 성은 중세시대의 무기와 갑옷, 귀족의 생활용품, 트라카이 지역에 많이 살고 있는 타타르인의 전통의상과 도구 등을 전시한 박물관으로 사용하고 있다. 간단히 전시공간을 둘러본 뒤 트라카이성의 외벽을 순찰하듯 한 바퀴 돌아 섬을 빠져나왔다. 빌뉴스로 들어가는 길이 막히기 전에 서둘러 출발했다. 트라카이성 입구에서 빌뉴스의 대성

트라카이성과 이어진 나무다리

트라카이성의 해자에 놓인 아치형 다리

당 광장까지의 거리는 30km쯤 된다. 도로 정체로 1시간 남짓 걸렸다.

빌뉴스는 게디미나스 대공이 수도로 정한 1323년부터 지금까지 700여 년 동안이나 리투아니아의 수도이자 경제, 문화의 중심지 역할을 맡고 있다. 인구(54만 2,287명, 2023년 기준)로는 경기도 안양시와 비슷한 규모다. 한 나라의 수도치고는 의외로 고즈넉하고 차분해 보인다. 빌뉴스 구시가지는 고딕, 르네상스, 바로크 양식 등의 중세시대 건축물이 즐비해서 1994년에 유네스코 세계문화유산으로 등재됐다. 가장 흔한 성당, 교회, 예배당 등의 기독교 건축물만 해도 20여 곳에 이른다. 유대교 예배당, 이슬람 모스크, 모스크바 정교회 성당까지 있어서 말 그대로 '종교 전시장'이자 '종교 도시'라 부를 만하다.

빌뉴스 구시가지. 교회, 예배당 건물이 유난히 많다.

사실 리투아니아는 유럽에서 가장 늦게 기독교를 공인한 나라다. 1253년에 민다우가스 대공이 기독교로 개종하고 리투아니아의 초대 통치자로 즉위했다. 하지만 그가 사망한 뒤에는 '로무바Romuva'라는 전통종교로 되돌아갔다. 발트족 신화와 민속 전통을 기반으로 삼은 로무바는 다양한 신과 자연, 조상 등을 숭배했다. 기독교를 다시 국교로 인정한 것은 리투아니아의 요가일라 대공이 폴란드의 여왕 야드비가와 결혼한 1387년의 일이었다. 기독교 공인 이후에도 리투아니아는 다른 종교와 민족, 문화에 너그러웠다. 기독교를 강요하거나 이교도를 탄압하지 않고 포용했다. 그런 포용과 관용의 정책이 리투아니아를 한때 유럽 최대 국가로 만든 주요 요인 중 하나였다.

빌뉴스 구시가지의 여러 건축물 가운데 딱 한 곳만 가본다면 고딕 양식의 걸작으로 평가되는 성 안나 교회Church of St. Anne를 꼽을 수 있다. 붉은 벽돌로 지어진 이 가톨릭 성당은 1500년에 처음 지었을 당시의 원형이 거의 그대로 간직돼 있다. 러시아를 정벌하러 가는 길에 이곳에 들른 나폴레옹이 "손바닥에 얹어서 파리로 가져가고 싶다"고 극찬했다는 이야기가 전해올 정도로 아름답다. 외벽에는 고딕 양식 특유의 첨두 아치 창문과 첨탑이 설치돼 있다. 내부는 스테인드글라스 창문으로 스며든 빛이 은은한 조명과 어우러져 엄숙하고 신성한 분위기를 더해준다. 고딕, 르네상스 양식이 혼합된 아시시의 성 프란시스 교회Church of St. Francis of Assisi와 아주 가까워서 마치 한 건물처럼 보인다. 성 프란시스와 성 베르나딘 교회Church of St. Francis and St. Bernard라고도 부르는 이곳은 현재 수도원으로 바뀌었다.

성 안나 교회(왼쪽 건물)와 아시시의 성 프란시스 교회(오른쪽 건물)

리투아니아의 정체성과 신앙을 상징하는 빌뉴스 대성당과 종탑

성 안나 교회 앞의 구시가지 골목길을 가로질러 500m를 걸어가면 대성당 광장Cathedral Square에 도착한다. 빌뉴스 대성당Vilnius Cathedral과 종탑, 게디미나스 대공의 동상Monument to Grand Duke Gediminas, 리투아니아 대공 궁전Palace of the Grand Dukes of Lithuania이 이 광장 주변에 있다. 그중 빌뉴스 대성당은 리투아니아의 정체성과 신앙을 상징하는 건축물이다. 13세기에 목조 교회로 처음 세워졌다. 14세기 중반에 붉은 벽돌을 쌓은 고딕 양식 건물로 재건됐다가 18세기에 바로크 양식으로 개조됐다. 제2차 세계대전 당시 심각한 피해를 입었지만, 전후 복구 작업으로 예전의 웅장한 모습을 되찾았다.

빌뉴스 대성당은 외관부터 남다르다. 화려한 장식이나 조각상이 많은 유럽의 일반적인 대성당과 확연히 다르다. 단순하고 직선적인 외관은 절제된 아름다움을 보여준다. 주변 구시가지에 즐비한 붉은 지붕의 건물들과 또렷이 구별되는 하얀색 외벽도 대성당을 더 돋보이게 만드는 효과가 있다. 높고 넓은 내부는 바로크 양식 특유의 화려한 제단과 조각, 회화 등이 곳곳에 배치돼 있다. 리투아니아의 역사를 보여주는 유물들도 다양하게 전시돼 있다.

빌뉴스 대성당의 종탑도 13세기 건축물이지만, 대성당보다는 조금 늦게 세워졌다. 기본적으로는 뾰족한 첨탑과 아치형 창문을 갖춘 고딕 건축물이다. 여러 차례 보수 공사를 해서 르네상스, 바로크 양식도 일부 섞였다. 종소리로 시간을 알려주는 본연의 기능을 지금도 변함없이 잘 수행하고 있다. 높이 57m의 이 종탑에 오르면 빌뉴스 시내가 한눈에 조망된다.

빌뉴스 구시가지 북쪽 언덕의 게디미나스 성탑. 바로 아래에 리투아니아 대공 궁전이 있다.

리투아니아 대공 궁전 바로 옆에 자연적으로 형성된 언덕에는 게디미나스 성탑Gediminas Castle Tower이 있다. 네리스강과 빌니아강이 합류하는 지점이 바로 아래에 내려다보인다. 게디미나스 대공이 트라카이에서 빌뉴스로 수도를 옮겼을 당시에 빌뉴스를 방어하기 위한 요새로 처음 세워졌다. 애초에는 목재로 건설되었다가 비타우타스 대공의 통치기인 1409년에 벽돌 성으로 튼튼하게 보강했다. 현재의 3층 성탑은 1933년에 재건한 것이다. 내부 계단을 통해 성탑 꼭대기에 올라서면 구시가지를 비롯한 빌뉴스의 전경이 조감도처럼 훤히 내려다보인다. 네리스강 북쪽의 신시가지도 고스란히 눈에 들어온다. 어느 방향으로 적이 침입하더라도 금세 포착할 수 있을 정도로 전망이 거침없다.

빌뉴스에는 세상에서 가장 작고 독특한 나라인 우주피스공화국 Uzupis Republic이 있다. 리투아니아어로 '우주피스'는 '강 너머'를 뜻한다. 실제로 빌뉴스 구시가지의 동쪽을 굽이쳐 흐르는 빌니아강 너머에 있다. 원래는 유대인이 모여 사는 게토ghetto였다고 한다. 제2차 세계 대전 당시에 홀로코스트로 수많은 유대인이 희생된 뒤로 폐허가 되다시피 했다. 그러다 리투아니아가 소련으로부터 독립한 이후에 예술가와 지식인이 하나둘씩 모여들기 시작했다. 급기야 그들은 1997년 4월 1일에 자체 헌법과 대통령, 국기와 12명의 군대까지 갖춘 우주피스공화국의 독립을 선언했다. 총 41개 조항으로 이루어진 헌법 내용이 무척 흥미롭다. 모든 사람은 실수할 권리가 있다, 모든 사람은 아무것도 이해하지 않아도 될 권리가 있다, 모든 사람은 자신의 생일

우주피스공화국의 헌법을 여러 나라 말로 적은 패널이 걸려 있는 거리

을 축하하거나 축하하지 않을 권리가 있다 등의 '별난' 조항이 대부분이다.

빌뉴스를 떠나기 전 전체 면적이 0.6km²쯤 되는 우주피스공화국을 방문했다. 만우절이자 우주피스공화국의 독립기념일인 4월 1일에 방문하면 우주피스 화폐를 실제로 사용할 수도 있고 다양한 예술공연과 이벤트도 열린다고 한다. 이 나라의 관문은 성 안나 교회에서 남쪽으로 300m 떨어진 우주피스 다리 Bridge of Uzupis다. 빌니아강에 놓인 이 다리에는 그네가 걸려 있고, 근처에는 우주피스 인어상The Mermaid of Uzupis 도 있다.

우주피스 다리를 건너 170m만 더 가면 우주피스공화국의 랜드마

우주피스 거리의 재미있는 부조들

리투아니아

크인 우주피스 천사 Angel of Uzupis 광장에 도착한다. 높이 8.5m의 기둥 위에 나팔 부는 천사상이 올려져 있다. 우주피스 지역의 부흥과 예술적 자유를 상징하는 이 조형물은 로마스 빌차우스카스라는 조각가가 2002년에 제작했다. 주변 거리와 골목을 걷다 보면 참신하고 발랄한 조형물과 설치작품이 곳곳에서 눈에 띈다. 우주피스공화국의 헌법 전문을 여러 나라 언어로 적은 패널이 걸려 있기도 하다. 자유, 개성, 창의, 평화, 사랑, 낭만 등의 긍정적인 키워드가 자연스레 뇌리를 스친다. 각박하고 치열한 경쟁 속에서 살아야 하는 이 세상의 어딘가에 이토록 게으르고 자유로운 나라가 있다는 사실만으로도 마음의 위안이 느껴지는 듯했다.

우주피스공화국의 랜드마크인 우주피스 천사상

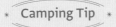

Downtown Forest Hostel & Camping

우주피스 천사 광장에서 도보로 10분 거리에 있는 게스트하우스 겸 캠핑장이다. 울창한 숲에 둘러싸인 2층 건물은 게스트하우스, 그 뒤쪽 숲속의 넓은 잔디밭은 캠핑장이다. 아담한 방갈로도 있다. 지하 1층에는 캠핑객 이용객에게도 개방하는 공용 주방, 화장실, 샤워장, 세탁실 등의 편의시설 잘 갖춰져 있다. 같은 공간 안에 발트 3국 투어 전문업체(Travel addicts club), 바베큐 그릴 대여 업체(WOLF'S Garage) 등도 있다.

빌뉴스 구시가지에 자리 잡은 Downtown Forest Hostel & Camping

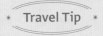

* Travel Tip *

⊛ 트라카이성 입구의 (올드) 트라카이에는 페달보트, 요트, 나룻배,

리투아니아

패들보드 등 수상레포츠 기구를 대여하거나 서비스를 제공하는 업체가 몰려 있다. 여러 업체의 가격을 비교해보고, 타기 전에는 반드시 흥정해서 깎아야 바가지요금을 피할 수 있다.

✴ 일정에 여유가 있다면 리투아니아 제2의 도시이자 1920년부터 1939년까지 리투아니아의 임시 수도였던 카우나스 Kaunas 도 들러보기를 권한다. 빌뉴스에서 100km쯤 떨어진 이 도시는 잘 보존된 중세시대 건축물이 많은데도 관광객은 별로 없어서 여유 있게 투어를 즐길 수 있다. 이곳을 대표하는 문화유산인 카우나스성 Kauno pilis 근처에서는 빌뉴스를 지나온 네리스강이 리투아니아 최대의 강인 네무나스강 Nemunas River에 합류된다. 이 주변의 강변에서 바라보는 저녁노을이 환상적이다.

✴ 리투아니아는 1991년에 우리나라와 수교했지만 상주 대사관은 없다. 주 폴란드 한국 대사관이 리투아니아 대사관을 겸한다.

갈베 호수에서
보트 데이트를 즐기는 연인

카우나스의 네무나스 강변에 자리한
비타우타스 대공 교회
(Church of Vytautas the Great)

찬란한 문화 유산과
행복한 사람들이 가득한 도시

그리스

21

아테네

Athens

　　고대 그리스는 민주주의와 올림픽의 발상지다. 인류 역사상 가장 찬란한 고대 문명을 꽃피운 나라이기도 하다. 오늘날의 그리스는 정치, 경제적으로 다소 불안정하지만, 그리스인은 의외로 행복해 보인다. 축제와 전통을 중시하고, 가족이나 친구들과 함께 보내는 시간을 일상적으로 즐긴다. 천성적으로 현재에 만족하고 미래를 낙관하는 민족이 아닌가 싶다. 찬란한 역사의 그늘에서 행복한 현재를 즐기는 그리스인의 일상을 직접 엿보고 싶어 아테네행 비행기에 올랐다.

　　고대 그리스의 민주주의를 얘기할 때 가장 먼저 떠오르는 것은 '아크로폴리스akropolis'다. '높은akron' '도시polis'라는 뜻의 그 이름처럼, 아크로폴리스는 그리스 수도인 아테네의 한복판에 우뚝한 바위 언덕에 자리 잡았다. 아테나 시내의 건물 옥상이나 나직한 산봉우리에만 올라도 아크로폴리스가 시야에 들어온다. 해발 약 150m의 탁자형 언덕에 자리 잡은 아크로폴리스는 B.C. 2000년경부터 아테네인의 제사 장소였다. 신들을 위한 공간답게 지금도 변함없이 웅장하고 엄숙하다.

　　아테네를 찾은 여행객의 첫 번째 목적지 역시 십중팔구는 아크로폴리스다. 아테네에 도착하자마자 중심가의 숙소에 여장을 풀고 아무것도 하지 않은 채 편안한 첫날을 보냈다. 이튿날 아침 일찍 숙소에서 도보로 약 20분 거리의 아크로폴리스 정문 매표소 앞에 도착했다. 개장시간이 30분 이상 남았을 정도로 서둘렀는데도 매표소 앞은 이미 전 세계에서 찾아온 관광객으로 장사진을 이루었다. 1시간가량 기다려서야 입장권을 손에 쥘 수 있었다.

오늘날의 아크로폴리스는 폐허나 다름없다. 2,000년이 넘는 세월 동안 여러 차례의 전쟁과 지진으로 파괴되기도 하고, 산성비에 부식되기까지 해서 벽체와 기둥 일부만 앙상하게 남았다. 그럼에도 이곳의 유적들이 주는 감동과 울림은 기대한 것보다 훨씬 더 크다.

아크로폴리스 서쪽 출입구 계단의 중간에 남아 있는 아그리파 기념상의 대좌

서쪽 정문 출입구의 대리석 계단이 시작되는 곳에는 '불레의 문 Boule's Gate'이 있다. 아크로폴리스의 첫 관문이다. 267년에 그리스를 정복한 로마가 외적의 침입을 막기 위해 설치한 성벽의 일부다. 1857년에 이 성문터를 발견한 프랑스 고고학자 에르네스트 불레 Ernest Boule 가 자신의 이름을 붙였다.

불레의 문을 지나 계단을 올라가면 로마의 장군 아그리파 Agrippa, B.C. 63~B.C.12의 기념상 대좌臺座가 있다. 아그리파는 B.C. 31년 악티움 해전에서 안토니우스를 무찔렀고, 아우구스투스 황제 재위 당시에 일어난 반란을 진압했을 뿐만 아니라 로마의 식민지 건설을 담당한 인물이다. 높이 8m의 이 대좌에는 아그리파가 전차에 올라탄 모습의 조각상이 설치돼 있었지만, 지금은 대좌만 덩그러니 남았다.

아크로폴리스의 정문은 '프로필라이아 Propylaia'라 부른다. 그리스어로 '신전의 입구'(또는 '현관')라는 뜻이다. B.C. 437년에 착공된 이 건축

페리클레스

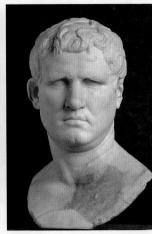
아그리파

물은 아테네와 스파르타가 그리스의 주도권을 놓고 벌인 펠로폰네소스 전쟁(B.C. 431~B.C. 404)으로 공사가 중단되어 미완 상태로 남았다. 중앙 홀과 양쪽 두 날개 등 세 부분으로 구성된 프로필라이아는 높은 계단 위에 세워져 있어서 날아갈 듯 날렵하면서도 장엄한 느낌을 준다. 그래서 이후에 건립된 그리스, 로마 신전의 전형이자 모범이 되었다.

프로필라이아의 오른쪽 날개 옆에는 아담하고 간결한 이오니아 양식의 '아테나 니케 신전 Naos tis Athinas Nikis'이 있다. 페르시아 전쟁(B.C. 492~B.C. 449)의 승리를 아테나 여신의 공으로 돌린 그리스인은 이 신전을 세운 뒤 거대한 아테나 니케상을 내부에 배치했다. 그러나 아테나 니케상은 언젠가 사라져버렸다.

아크로폴리스 건설은 B.C. 5세기 중반의 아테네 장군이자 대정치가인 페리클레스 Perikles, B.C.495~B.C. 429가 주도했다. 아테네 명문가의 후손이자 민주파의 리더인 그는 민회나 재판에 참석하는 아테네의 모든 시민에게 수당을 지급하는 법안을 발의해 통과시켰다. 시민이 적극적으로 공무公務에 참여하며 권력을 행사해야 한다는 것이 그의 소신이었다. 그 덕택에 아테네 시민은 생업에 대한 걱정 없이 공동체 일과 국가 운영에 적극 동참할 수 있었다.

페리클레스가 과감하게 단행한 민주적이고 개혁적인 조치들은 아테네 시민의 내재된 에너지를 극대화함으로써 아테네 제국을 번영시킨 원동력이 되었다. 아테네의 전성기와 민주 정치의 완성을 이루어 낸 페리클레스는 페르시아 전쟁의 상처로 얼룩진 아테네를 말끔하게 정비하고 아크로폴리스에 파르테논 신전 등을 건축했다. 전설적인 조각가 페이디아스가 총감독을 맡고, 그리스 전역의 최고 예술가들이 모두 동원된 대공사였다.

프로필라이아를 지나서 아크로폴리스 안으로 들어서면 두 개의 신전이 시야에 들어온다. 왼쪽에는 에레크테이온Erechtheion 신전, 오른쪽에는 파르테논Parthenon 신전이 있다. 그중 고대 그리스의 대표 건축물인 파르테논 신전부터 둘러봤다. 수차례 거듭된 전쟁과 약탈로 파괴되고 무너진 바람에 지금은 46개의 기둥만 앙상하게 남았다. 기둥 위쪽의 조각상은 마모가 심해서 어렴풋이 형상만 짐작된다. 거대한 기중기까지 동원된 복원 공사로 어수선한 가운데서도 그리스 대표 신전으로서의 범상치 않은 위엄은 고스란히 느껴졌다. 에레크테이온 신전은 파르테논 신전의 북쪽에 있다. 이 신전에서 가장 눈에 띄는 것은 여섯 여인 형상의 돌기둥이다. '카리아티드Caryatid'라 부르는 이 돌기둥은 페르시아 전쟁 당시에 그리스를 배신하고 페르시아 편에 선 스파르타 인근의 도시 카리아이에서 유래했다고 한다.

페르시아 전쟁에서 승리한 그리스 동맹군은 카리아이 남자를 모두 죽이고 여자는 노예로 삼아 무거운 짐을 이고 다니도록 했다. 이 여인상 돌기둥도 배신 행위를 속죄하라는 의미로 세워진 것이다. 우리나라의 강화도 전등사 대웅보전의 네 귀퉁이 처마 밑에서 지붕을 떠받치는 나녀상을 연상케 한다. 여인상 기둥 옆에는 아테나 여신이 아테네 시민에게 선물로 줬다는 올리브 나무가 한 그루 있지만, 사실은 1917년에 심은 것이다.

아크로폴리스 동쪽 끝의 그리스 국기가 펄럭이는 곳에는 전망대가

아크로폴리스 동쪽 전망대에서 바라본 파르테논 신전(왼쪽)과 에레크테이온 신전(오른쪽)

있다. 아크로폴리스 전경과 아테네 시내가 한눈에 들어오는 뷰포인트
다. 기둥 몇 개만 남은 '올림피아 제우스 신전'과 로마 황제 하드리아
누스 Hadrianus, 76~138, 재위 117~138 의 방문을 기념해 세워진 '하드리아누스
아치 Arch of Hadrian'도 가깝게 보인다. 올림피아 제우스 신전은 페리클레
스 시대에 공사를 시작해 한동안 방치되다가 하드리아누스 재위 당

에레크테이온 신전의 여섯 여인 돌기둥

시인 131년에 완성됐다. 그리스에서 가장 큰 신전으로 대리석 기둥만 무려 104개나 됐지만 지금은 15개만 남았다. 신전 뒤쪽에는 1896년 근대 올림픽이 처음 열린 '파나티나이코 경기장Panathenaic Stadium'도 보인다. 전체를 대리석으로 지은 이 경기장은 B.C. 330년부터 아테나 여신을 위한 축제장이었다고도 한다.

아크로폴리스에서는 아테네 시민의 토론장이자 민주주의의 생생한 현장이었던 고대 아고라Agora 유적도 훤히 내려다보인다. 아크로폴리스 언덕이 신을 위한 공간이라면, 아고라는 인간의 공간이었다. 이곳에는 고대 아테네 시민의 대중 집회와 '도편 추방'이라고 하는 오스트라키스모스Ostrakismos를 위한 집회 장소이자 재판소가 들어서 있었다.

고대 아고라 주위에는 돌기둥을 줄지어 세워 회랑을 만든 뒤, 그 위에 붉은 지붕을 얹은 스토아Stoa가 건립됐다. 이 스토아는 갖가지 물건을 파는 가게이자 예술 작품을 전시하는 문화공간으로 활용되었다. 오늘날 가게를 뜻하는 영어 'store'가 여기서 유래했다.

아테네 시내의 고대 아고라 지역에는 '아탈로스의 스토아Stoa of Attalos'가 있다. 아탈로스는 지금의 튀르키예 아나톨리아 지방에서 번성했던 페르가몬 왕국의 아탈로스 2세Attalos II, B.C. 159~B.C. 138를 가리킨다. 왕이 되기 전에 문화 수준이 높은 아테네에서 교육받은 것에 대한 보답으로 이 스토아를 지어줬다고 한다. 1930년대부터 시작된 아고라 발굴 작업의 결과 2층 규모의 '아탈로스의 스토아'는 원형을 되찾았

아크로폴리스 동쪽 끝에서 바라본 아테네 시내. 하드리아누스 아치와 올림피아 제우스 신전, 근대 올림픽 경기장 등이 보인다.

고대 아고라 지역의 '아탈로스의 스토아'

다. 현재는 고대 아고라 박물관Museum of the Ancient Agora으로 사용된다.

아크로폴리스 남쪽의 석축 아래에는 15,000명 이상을 수용할 만큼 규모가 큰 디오니소스 극장Theater of Dionysos이 있다. B.C. 6세기에 최초의 석조 극장으로 지어 술과 연극의 신인 디오니소스에게 헌정했다는 이곳에서 서양의 드라마예술, 곧 '연극'이 탄생했다. 한때 소실되기도 했던 이 극장은 로마 시대에 복구되어 검투사들의 결투장으로 사용하기도 했다.

아크로폴리스 근처에는 디오니소스 극장 이외에도 여러 개의 고대 극장이 있다. 그중 하나인 '헤로데스 아티쿠스 극장Herodes Atticus'은 하드리아누스 황제 재위 당시에 로마의 대부호인 헤로데스 아티쿠스가 아내 레기라Regilla를 추모하기 위해 세워진 야외 음악당 겸 극장이다. '헤로데이온 음악당'이라고도 부르는 이 고대 극장에서는 지금도 종종 음악 공연이 열린다. 세계적인 성악가인 조수미 씨도 2005년에 세계 3대 테너 중 한 명인 호세 카레라스와 합동 공연을 개최했다.

헤로데스 아티쿠스 극장에서 걸어서 약 5분 거리의 필로파포스 언

지금도 음악 공연이 가끔 열리는 헤로데스 아티쿠스 극장

철학자 소크라테스의 감옥으로 민간에 전해오는 동굴

덕 Philopappos Hill에는 '소크라테스의 감옥The Prison of Socrates'이라는 동굴
이 있다. 앞에 쇠창살까지 쳐져 있어서 진짜 감옥처럼 보인다. 하지만
이 쇠창살은 후세에 보호용으로 설치한 것이다. 사실 이곳이 진짜 소
크라테스의 감옥이라는 명확한 증거나 역사 기록은 없다. 19세기 영
국의 역사학자이자 고고학자인 토마스 스마트 휴즈가 전설과 구전을
바탕으로 이곳이 소크라테스의 감옥이라고 처음 주장했을 뿐이다.
진위 여부를 떠나서 인류 역사상 최고 철학자의 사연이 얽힌 곳이라
는 이유만으로도 호기심 많은 관광객의 발길이 꾸준히 이어진다.
　소크라테스의 감옥에서 올리브나무와 소나무가 울창한 숲길을
10분가량 걸어가면 시야가 탁 트인 '프닉스 Pnyx' 언덕에 도착한다. 외

아테네 시민으로 구성된 민회가 열렸던 프닉스 언덕. 뒤쪽에 아크로폴리스가 보인다.

진 산등성이의 넓은 광장은 인적조차 뜸해서 썰렁하다. 아크로폴리스를 찾는 관광객 중 10분의 1도 들르지 않는 곳이지만, 이곳을 빼놓고서는 고대 그리스의 민주주의를 얘기하기 어렵다. 수만 명의 시민(성인 남자)으로 구성된 민회가 열리던 장소이기 때문이다. 아테네 시민은 프닉스 언덕에 모여 정책을 논하고 토론하면서 국가 중대사를 결정했다. 한마디로 말해 '세계 최초의 의회 자리'라 해도 과언이 아니다.

프닉스 언덕과 아크로폴리스 사이에는 '아레오파고스 Areopagus 언덕'이 있다. 전쟁의 신 '아레스의 언덕'이라는 뜻이다. 아테네 시내가 내려다보이는 울퉁불퉁한 이 바위 언덕에서 '신들의 재판'이 열렸다고 한다. 그리스 신화에 따르면, 전쟁의 신 아레스가 자기 딸을 겁탈한 할리로티오스(바다의 신 포세이돈의 아들)를 살해한 죄로 포세이돈에 의해 기소되었으나, 올림포스의 12신은 정당한 보복으로 인정해 아레스에게 무죄 판결을 내렸다고 한다.

아레오파고스 언덕은 예수 그리스도의 제자인 사도 바울이 설교한 곳으로도 알려져 있다. 고대 그리스 시대에는 귀족의 회의 장소이자 살인, 방화, 독살 등의 중대 범죄를 다루는 재판정으로 사용했다. 하지만 민주주의가 확대되고 민회의 힘이 커지면서 아레오파고스 귀족 회의의 권위는 자연스레 약화되었다. 현재 그리스 대법원을 지칭하는 '아레이오스 파고스 Areios Pagos'도 여기서 유래했다.

아레오파고스 언덕에서 둥글게 서서 기도하는 사람들

신타그마 광장의 무명용사 부조 앞에서 근무 교대식을 펼치는 근위병들

아테네 시내 한복판에는 신타그마 광장Syntagma Square이 있다. 우리 말로는 '헌법 광장'이다. 1843년에 그리스 최초의 헌법이 공포된 장소 이자 아테네시의 중심 광장이다. 맞은편에 자리한 그리스 국회 의사 당의 정면 벽에는 튀르키예 제국에 저항하다 숨진 무명 용사를 기리 는 조각이 부조돼 있다. 그 앞에는 그리스 전통 복장의 근위병이 좌우 에 각각 한 명씩 서 있는데, 30분마다 서로 자리를 바꾸다가 1시간이 지나면 근위병 교대식을 거행한다. 아테네 여행에서 빼놓지 말아야 할 볼거리 중 하나다.

아테네에서 꼭 한번 들러야 할 곳으로 국립 고고학 박물관National Archaeological Museum을 빼놓을 수 없다. 신타그마 광장에서 약 1.8km 떨

아테네 국립 고고학 박물관에서 만난 '아가멤논 마스크'(왼쪽)와 플라톤의 두상(오른쪽)

어진 이 박물관은 세계 10대 박물관 중 하나로도 자주 선정되는 곳이다. 학창 시절 교과서에서나 본 고대 그리스의 철학자, 예술가, 정치인, 그리고 여러 신의 조각상, 유물, 생활용품 등을 포함해 다양하고 섬세한 고대 유물들을 직접 만날 수 있다. 그리스와 교류했던 고대 이집트의 미라와 벽화, 조각상 등도 적지 않다. 밀로의 비너스를 뺨칠 정도로 표정이 살아 있고 정교한 조각상도 한둘이 아니다. 이 박물관 한 곳을 둘러보는 데에는 꼬박 하루를 써도 모자랄 지경이다.

아테네 국립 고고학 박물관에서 만난 고대 그리스의 유물 가운데 가장 인상적인 것은 '아가멤논 마스크 Agamemnon mask'였다. 순금으로 제작한 이 데스마스크는 B.C. 1550~B.C. 1500년경에 제작한 것으로 추정된다. 1876년 독일의 하인리히 슐리만이 미케네 유적에서 발견했다. 트로이 전쟁의 주역인 아가멤논왕이 이 마스크의 주인으로 추정된다고 해서 '아가멤논 마스크'라는 이름이 붙었다.

미케네의 왕 아가멤논은 제수인 헬레네가 트로이 왕자에게 납치되자 그리스 연합군의 총사령관이 되어 트로이를 공격했다. 10년이나 계속된 트로이 전쟁은 '트로이의 목마'를 이용한 그리스 연합군의 승리로 끝났다. 전설 속의 영웅 아가멤논의 황금 마스크라니! 마치 수천 년 전에 살았던 그가 다시 살아난 듯한 느낌이 들 정도로 마스크의 표정이 생생하게 표현돼 있다. 하지만 고고학자들의 연구에 따르면 아가멤논 시대보다 300년쯤이나 앞선 B.C. 16세기경에 만든 것으로 추정된다고 한다.

아테네 국립 고고학 박물관 로비에 전시된 '아르테미시온의 기수'

'아르테미시온의 기수 Jockey of Artemision'라는 헬레니즘 시대의 청동 조각상도 인상적이다. 역주하는 경주마와 소년 기수의 모습이 대단히 정교하고 역동적으로 표현된 작품이다. B.C. 150~B.C. 140년경에 제작했을 것으로 추정되는 이 조각상은 1926년에 에비아섬 북쪽의 아르테미시온곶 Artemisium 앞바다에서 난파선과 함께 발견되었다.

한낮의 뜨거운 태양이 차츰 서쪽으로 기울기 시작할 무렵, 신타그마 광장에서 도보로 약 30분 거리의 리카베투스 언덕 Lycabettus Hill, 해발 277m에 올랐다. 아테네에서 가장 높고 서울 남산보다 15m 더 높은 이 언덕은 해질녘의 황홀한 풍경과 아크로폴리스의 아름다운 야경을 감상하기 좋은 천연 전망대다. 붉은 노을이 사라지고 차츰 어둠이 내리자, 낮 동안 매우 분주하고 어수선하던 아테네 시내도 질서 있게 정돈되는 듯한 느낌이 든다. 크고 작은 건물이 빼곡한 사이로 우뚝 솟은 아크로폴리스 언덕은 수천 년 동안 한결같이 어둠 속에서도 환하게 빛난다.

아테네 여행 일정에 한나절 정도의 여유가 있다면 수니온의 포세이돈 신전 Temple of Poseidon at Sounion 도 꼭 한번 찾아보기를 권한다. 신타그마 광장에서 찻길로 60km쯤 떨어진 아티카반도 남쪽 끝의 수니온곶 언덕에 자리 잡은 신전이다. 페리클레스 시대(B.C. 461~B.C. 429)에 도리아 양식으로 건축됐다. 에게해가 시원스럽게 조망되는 이 자리에는 원래 아르카이기 시대 Archaic Period, B.C. 8세기 말~B.C. 480년에 세워진 아테나 신전이 있었다가 페르시아 전쟁으로 파괴됐다고 한다. 포세이돈 신전의 기둥은 원래 34개였지만 지금은 15개만 남았다. 우람한 돌기둥들만 늘어선 이곳 신전은 해질녘의 풍경이 특히 아름답기로 유명하다. 해가 설핏 기울기 시작하면 신전의 기둥들도 발그레한 오렌지빛으로 물들어간다. 차츰 핏빛으로 변한 해는 펠로폰네소스반도 너머로 슬그머니 자취를 감춘다. 아무리 아쉬움이 커도 주저 없이 발걸음을 돌려야 한다. 이 신전은 일몰 때까지만 개방되기 때문이다.

해질녘 풍경이 특히 아름다운 포세이돈 신전의 우람한 돌기둥

포세이돈 신전 앞에서 바라본 에게해의 윤슬

수니온곶의 전망 좋은 언덕에
자리 잡은 포세이돈 신전

아테네 캠핑장(Camping Athens)

아테네 도심에서 약 7km 거리에 있다. 고속도로와 가까워서 접근성이 좋고, 대중교통을 이용해도 30분~1시간이면 아테네 도심에 도착할 수 있다. 캠핑에 필요한 모든 편의시설과 식당, 펍 pub, 편의점 등이 갖춰져 있다. 텐트 대여도 가능하다. 큰 도로와 맞닿아 있어서 자동차 소음을 피하기 어렵다는 단점도 있다. https://campingathens.gr

센트럴 아테네 스튜디오(Central Athens Studios)

우리 가족 3명이 아테네에서 2박 3일 동안 머무른 숙소다. 원룸형 객실이 깨끗하고 숙박비도 저렴한 편이다. 주방에는 간단히 조리기구가

센트럴 아테네 스튜디오의 객실과
화장실

갖춰져 있어서 직접 취사도 가능하다. 무엇보다도 큰 장점은 아테네 도심 한복판에 있어서 대부분 명소가 도보로 30분 내외의 거리에 있다는 점이다. 무더운 한낮에는 잠깐 들러 오수나 휴식을 즐기기에 좋다. 부킹닷컴에서 예약했다.

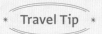

* Travel Tip *

- ❂ 아크로폴리스 출입구는 서쪽의 정문, 남동쪽 디오니소스 극장 근처의 측면 등 2곳이 있다. 정문보다는 측면 출입구를 이용하는 관광객이 훨씬 적다. 아크로폴리스 티켓 홈페이지(https://acropolis.athenstickets.org)에서 미리 모바일 티켓을 구매하면 입장권을 사기 위해 줄을 서지 않아도 된다.

- ❂ 아크로폴리스 티켓 홈페이지에서는 아크폴리스 통합 모바일 티켓(성인 30유로)도 구매할 수 있다. 아크로폴리스(파르테논 신전, 에레크테이온 신전, 니케 신전), 고대 아고라(스토아, 헤파이스토스 신전), 로만아고라(하드리아누스 도서관, 바람의 탑), 케라메이코스(고대 아테네의 묘지와 박물관), 올림피아 제우스 신전, 리케이온 등의 입장권을 장소별로 낱낱이 구매하는 것도 훨씬 저렴하다. 첫 사용일부터 5일 이내에 장소별로 1번씩만 입장할 수 있다.

- ❂ 지하철, 버스, 트램, 트롤리 등 아테네 시내의 대중교통을 저렴하게 이용하려면 아테나 티켓(ATH.ENA Ticket)을 구매하는 것이 실용

적이다. 다양한 여행 일정에 맞춰 사용할
수 있도록 티켓 종류도 다양하다. 버스
정류장, 지하철역에서 판매한다. www.
athenacard.gr

아테나 티켓

✦ '해피 트레인 HAppy Train'이라 부르는 아테
네 시티투어 꼬마 열차를 이용하면 아
크로폴리스, 고대 아고라, 신타그마 광장
등 아테네의 대표 명소를 한꺼번에 둘러
볼 수 있다.

아테네 시티투어 꼬마 열차인 '해피 트레인'

그리스

⚜ 아테네 시내의 카페 A for Athens의 루프탑에서는 아크로폴리스와 그 아래 로마 포룸의 전경이 한눈에 들어온다. 특히 아크로폴리스의 야경 조망 포인트로 인기 있어서 자리 잡기가 쉽지 않다.

카페 A for Athens의 루프탑에서 본 아크로폴리스 야경

⚜ 아테네 시내에서 대중교통을 이용해 포세이돈 신전을 찾아가기는 쉽지 않다. GetYourGuide 등 로컬 투어 전문 어플의 포세이돈 신전 일몰 당일 여행 프로그램을 이용하는 것이 편리하다.

⚜ 그리스의 전통 음식 중에 '그릭 샐러드Greek salad'라고도 부르는 '호리아티키Horiatiki'가 있다. 토마토, 오이, 녹색 피망, 적양파 등의 신선 채소와 페타치즈를 오레가노 같은 허브와 올리브오일로 양념한 샐러드다. 신선한 채소와 고소한 치즈가 어우러져서 여독으로 달아난 입맛을 확 돋워준다. 수니온의 Marida Seafood 레스토랑에서 이 음식의 진미를 맛봤다.

Marida Seafood 레스토랑의 호리아티키

부 록

요즘 여행을 한마디로 말하면 '스마트폰 여행'이다. 여행에 필요한 모든 것이 스마트폰에 다 있다. 스마트폰의 여행 앱을 잘 활용하는 여행자에게는 가이드도 여행사도 필요 없다. 스마트폰 앱을 능숙하게 사용하는 사람이 스마트한 여행자다. 스마트한 여행을 위해서는 적어도 다음에 설명하는 필수 여행 앱만큼은 능숙하게 쓸 줄 알아야 한다.

1 구글 지도(Google Maps)

구글 지도는 '여행의 모든 것'이라 해도 과언이 아
니다. 이 앱의 다양한 기능과 방대한 정보를 제
대로 사용할 줄만 알아도 여행에 필요한 정보의
70~80%는 해결된다. 교통, 숙박, 맛집, 명소, 길 찾
기 등 여행에 필요한 기본 정보가 총망라돼 있어

Google Maps

구글 지도

서 활용 빈도가 가장 높은 앱이기도 하다. 사실 외국 여행을 하는 동
안에 구글 지도를 제대로 사용할 줄 모르거나 제대로 작동하지 않으
면 눈뜬 장님이나 다름없다.

자신의 여행 경로와 이동 수단 등을 자동으로 기록하는 '타임라인',
다른 사람의 위치를 실시간으로 보여주는 '위치공유'도 구글 지도의
유용한 기능이다. 타임라인을 사용하려면 스마트폰의 구글맵에서 오
른쪽 상단의 내 사진(계정)을 누른 뒤 '내 타임라인'의 '사용' 버튼을
눌러야 한다. 위치공유는 위치를 공유하려는 상대방이 동의해야 가
능하다. 그리고 여행 지역의 오프라인 지도를 스마트폰에 미리 다운
로드 받아두면 인터넷이 끊긴 상태에서도 구글 지도의 길 찾기(내비
게이션) 기능을 사용할 수 있다. '가보고 싶은 곳'은 여행을 처음 계획
할 때부터 구글 지도에 차근차근 저장해두기를 권한다.

2 부킹닷컴(Booking.com)

내가 가장 즐겨 쓰는 숙박 앱이다. 검색 단계에 세금, 수수료 등의 제반 비용이 포함된 최종 숙박비를 보여 준다. 당연히 최종 결제 단계에서 추가 비용은 없다. 가급적 일정 기한 내에 취소할 경우 수수료가 부과되

부킹닷컴

지 않는 '무료 취소' 옵션으로 예약하는 것이 좋다. 부킹닷컴은 고객 응대 서비스가 괜찮은 편이고, 무엇보다 이용자의 솔직한 후기가 많다는 점이 장점이다. 당연한 말이지만, 이용 건수와 빈도가 높아지면 회원 등급과 할인율도 높아진다. 가장 높은 '지니어스 레벨 3' 회원 등급인 나는 국내 숙박업소를 예약할 때도 할인율이 높은 부킹닷컴을 종종 이용한다.

3 생성(대화)형 AI

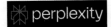

유용한 여행 정보를 제공받을 수 있는
생성(대화)형 AI 빙, 챗GPT, 제미나이, 퍼플렉시티, 클로바X, 딥시크

2022년 11월에 미국의 오픈AI사가 선보인 챗GPT는 세상을 깜짝 놀라게 했다. 생성형 AI Artificial Intelligence, 인공지능인 챗GPT는 기존의 검색

엔진과는 차원이 다른 결과물을 보여줬다. 마치 수백 명의 만물박사, 척척박사를 앞에 두고 직접 질문하고 대답하는 것처럼 방대한 지식과 정보를 매우 빠르고 편리하게 보여줬다. 그 뒤로 MS(마이크로소프트)의 빙 Bing 과 코파일럿 Copilot, 구글의 제미나이 Gemini, 코히어AI의 퍼플렉시티 Perplexity, 우리나라 네이버의 클로바X ClovaX, 중국의 딥시크 Deep Seek 등이 잇달아 출시됐다.

생성형 AI를 잘 활용하면 여행하기도 훨씬 더 알차고 편리해진다. 이 분야의 발전은 그야말로 빛의 속도로 빠르게 이루어지고 있다. 챗GPT가 출시된 지 두어 해밖에 되지 않았는데 사회와 산업의 전 분야에 끼친 영향력이 놀랍고 무서울 정도로 크다. 이 분야에는 수시로 게임체인저가 나타나기 때문에 절대강자도 없는 듯하다. 그러므로 한 가지 AI 앱만 전적으로 신뢰하고 사용하는 것은 절대 금물이다. 아직까지는 잘못된 정보를 알려주는 경우도 드물지 않으므로 반드시 여러 가지 앱으로 크로스 체크하기를 권한다.

4 구글 번역기(Google Translate)

외국어를 전혀 못하는 사람도 세계 어느 나라든지 자유롭게 혼자 여행할 수 있도록 해준 1등 공신 중 하나다. 2006년 봄에 4개 언어로 시작한 구글 번역기의 서비스 언어는 현재 130여 개로 늘어났다. 딥러닝

구글 번역기

기술을 도입한 2016년 이후로 번역 결과물의 품질도 크게 향상되었다. 외국인과의 대화는 물론이고, 여행지에서 수시로 접하는 안내판이

나 설명서 등도 실시간 번역이 가능하다. 이 앱이 출시된 이후에는 "영어를 못해서 외국 자유여행을 못 하겠다"는 말은 핑계에 불과해졌다.

5 웨더채널(The Weather Channel)

웨더채널

날씨는 여행의 성패를 좌우하는 요인 중 하나이므로 신뢰성 높은 기상 앱의 선택이 중요하다. 내가 가장 신뢰하는 기상 앱은 웨더채널이다. 한때 IT 업계 선구자이자 초거대 기업이었던 IBM에서 인공지능(AI) 기술을 적용해 개발한 기상 앱이다. 온도, 습도, 풍속, 강수 확률 등의 기본적인 기상 예보를 시간, 일간, 주간별로 알려준다. 그뿐만 아니라 일출, 일몰, 공기 오염, 피부 건조, 우산, 자외선, 모기 등 다양한 항목에 대한 예보 지수도 보여주며, 예보 정확도도 높은 편이다. 보기 편하게 한글로 정리된 기상 관련 정보를 전 세계 어디서든 실시간으로 제공받을 수 있다는 점도 매력적이다. 무료 버전만으로도 웬만한 정보를 제공한다.

6 스카이스캐너(Skyscanner)

스카이스캐너

항공권의 검색, 가격 비교, 예약 사이트 연결 등의 서비스를 제공하는 앱이다. 이 앱 덕분에 항공편이 있는 공항이라면 전 세계 어느 곳이라도 몇 분 안에 쉽고 편리하게 항공권 예약이 가능해졌다. 스카이스캐너는 직접 항공권을 판매하지는 않고, 항공사나 판매 대행사의 예약 사이트로 연결만 해준다. 렌터카, 호텔의 검색, 비교도 가능하다. 매일 사용하는 앱은 아니지만, 오늘날 개인 여행자가 여행사나 전문가의 도움 없이도 자유롭게 외국 여행을 할 수 있게 된 데에는 스카이스캐너의 공이 지대하다.

7 환율계산기(Currency)

환율계산기

두 가지 통화 간의 교환 비율을 계산해주는 앱이다. 예를 들어, 우리나라의 원화를 유로화로 변환하거나 그 반대로 변환할 때 사용하는 앱이다. 굳이 유료 버전을 사용하지는 않아도 된다.

8 기타 여행 앱

에어비앤비

· **에어비앤비(Airbnb)** 주로 개인 소유의 집, 방, 아파트먼트, 별장 등을 검색, 예약해주는 숙박 공유 앱이다. 특히 부엌이 있는 숙소가 많아서 직접 취사하고 싶을 때 유용하다. 운이 좋으면 훌륭한 시설의 숙소를 놀랍도록 저렴하게 예약할 수 있다는 장점도 있다. 하지만 상대적으로 비공식(불법) 숙소가 많고, 예약 금액 이외의 청소비, 서비스료 등의 추가 비용을 요구하는 사례도 적지 않다는 점은 미리 감안해야 한다.

· **우버택시(Uber Taxi)** 우리나라의 카카오택시처럼 호출 장소에서 가

장 가까운 곳에 있는 택시를 불러주는, 세계 최대
의 택시 앱이다. 카카오의 교통 앱인 카카오T도 영
국, 프랑스, 독일, 이탈리아, 체코, 스페인 등 20여
개의 유럽 국가에서 이용할 수 있다.

우버택시

· **다이렉트 페리(Direct Ferries)** 전 세계 2,200여
개 노선의 페리(여객선)를 검색, 비교, 예약
할 수 있는 앱이다. 유럽의 여러 나라를 여
행하다 보면 의외로 배를 탈 일이 많다. 예컨

다이렉트 페리

대, 프랑스 칼레와 영국 도버, 이탈리아 바리와 크로아티아 두브로
브니크, 에스토니아 탈린과 핀란드 헬싱키, 그리스 본토와 산토리
니 등의 여러 섬을 오갈 때 아주 유용한 앱이다. 우리나라의 여객
선 항로 중에서도 이 앱에서 예약 가능한 노선이 많다.

· **겟유어가이드(Get Your Guide)** 전 세계의 다양한 로
컬 투어, 입장권, 액티비티 등을 예약할 수 있는
앱이다. 사용이 간편하고 로컬 투어 상품이 다양

겟유어가이드

해서 현지에서 급하게 투어 프로그램을 이용할
때 유용하다. 어트랙션(관광 명소나 장소)의 입장권 구입도 가능한
데, 공식 사이트보다 더 저렴한 경우도 종종 있다. 대부분의 예약
투어를 24시간 전까지는 무료로 취소할 수 있다는 점도 장점이다.

1 항공권

· 예약 앱

스카이스캐너만 사용해도 전 세계 항공편의 대부분을 검색, 가격 비교, 예약 사이트 연결 등이 가능하다.

· 직항 항공편

비행시간이 짧고 환승Transfer하지 않아서 편리한 반면에 운임은 비싼 편이다.

· 경유 항공편

비행시간이 길고 환승하는 불편함은 있지만 항공료는 훨씬 더 저렴하다.

· 레이오버와 스톱오버

경유 항공편의 환승 대기시간이 24시간 이내이면 레이오버layover, 24시간 이상이면 스톱오버stopover라고 한다.

· 위탁 수화물 처리

같은 항공사의 연결 항공편을 이용할 때 환승 대기시간이 24시간 이내이면 위탁 수화물은 최종 목적지까지 자동 연결되지만, 24시간 이상이면 반드시 경유(환승) 공항에서 직접 찾아서 갖고 다니다가 연결 항공편에 다시 부쳐야 한다. 연결 항공편이 다른 항공사이면 24시간 내의 레이오버인 경우에도 반드시 위탁 수화물을 직접 찾아야 한다.

· **레이오버와 스톱오버의 활용**

레이오버와 스톱오버를 잘 활용하면 추가 운임을 지불하지 않고도 여행 일정을 추가할 수 있다. 예컨대 핀란드의 항공사인 핀에어를 이용할 때 항공사에 미리 요청하면 최대 5일 간의 스톱오버 서비스를 이용할 수 있다. 이 기간에는 핀란드뿐만 아니라 에스토니아 등의 인접 국가를 여행하는 것도 가능하다.

네덜란드 암스테르담 스키폴공항

중동 지역의 항공사인 에미레이트항공(두바이), 에티하드항공(아부다비), 카타르항공(도하)도 무료 숙박, 또는 할인 숙박 등의 서비스를 제공하며 스톱오버를 적극 권장한다. 전 세계 항공사 중에서 직항 노선이 가장 많다는 튀르키예항공도 20시간 이상의 환승 승객에게 무료 숙박, 이스탄불 시내 투어 등의 서비스를 제공하는 경우도 있다. 네덜란드의 암스테르담 스키폴공항을 허브 공항으로 사용하는 KLM항공도 스톱오버 승객이 사전 신청하면 시내 투어 등의 서비스를 제공한다. 세계적으로 유명한 허브 공항들은 대부분 지하철 등의 대중교통을 이용해 1시간 이내에 해당 도시의 중심부까지 접근 가능한 거리에 있다. 24시간 내의 레이오버라고 해도 환승 대기시간이 낮 시간이면 환승 공항 근처의 시내 투어가 가능하다. 필자는 튀르키예 이스탄불에서의 귀국 항공편으로 카자흐스탄의 아스타나항공을 이용한 적이 있다. 카자흐스탄의 최대 도시이자 1997년까지 수도였던 알마티에 새벽 5시쯤 도착해 저녁 8시경의 연결 항공편에 탑승할 때까지의 약 15시간 동안의 환승 대기시간을 이용해 코크토베 언덕, 젠코브 성당 등 알마티 시내의 대표 관광 명소를 모두 둘러볼 수 있었다.

2 교통

· 단기간, 소수 인원

10일 내외의 단기간, 2인 이하의 소수 인원은 대중교통을 이용하는 것이 가장 편리하고 경제적이다. 도시와 도시, 나라와 나라 사이를 여러 차례 이동한다면 유레일패스, 스위스패스 등의 교통 할인 카드(패스)를 구입해 사용하는 것이 좋다. 관광객이 많이 찾는 유럽의 도시나 지역은 대부분 교통·관광 할인 카드를 발행한다. 독일 바이에른주의 바이에른 티켓, 프랑스 파리의 나비고 이지 카드, 이탈리아 로마의 로마패스와 베니스의 롤링베니스 카드, 네델란드 암스테르담의 아이 암스테르담 시티 카드, 체코 프라하의 프라하 카드, 오스트리아의 인스부르크 카드와 빈 시티 카드 등이 바로 그런 예다.

· **장기간, 다수 인원**

10일 이상의 장기간, 3인 이상의 다수 인원은 자동차 여행이 편리하다. 쉥겐협정 Schengen Agreement에 따라 국가 간의 이동이 자유로운 유럽은 렌터카, 리스카 등을 이용한 자동차 여행의 최적지다.

독일과 국경을 맞댄 룩셈부르크의 작은 마을 쉥겐에서는 1985년 6월 14일에 벨기에, 프랑스, 독일, 룩셈부르크, 네덜란드의 5개국 대표들이 모여 쉥겐협정을 체결했다. 가입국 간의 국경 검문소를 철폐하고, 국경 통행을 자유롭게 하며, 범죄 예방 및 치안 유지를 위해 상호 정보 공유와 협력을 강화한다는 것이 이 협정의 골자다.

현재 쉥겐협정에는 유럽 29개 국가가 가입돼 있다. 비가입국인 영국, 아일랜드와 동유럽 몇 나라를 제외한 대부분의 유럽 국가는 비자를 받지 않고도 자유롭게 국경을 넘나들 수 있어서 자동차 여행을 하기에 매우 편리하다. 단 2025년 5월부터는 쉥겐 지역을 방문하기 전에 인터넷 사이트(www.etias.co.kr)를 통해 반드시 'ETIAS 비자면제' 신청서를 제출해야 하는 제도가 시행될 예정이다.

체코 독일 국경 검문소

· 렌터카와 리스카

이용 기간이 짧은 경우에는 이용 기간만큼만 대여료를 지불하는 렌터카가 편리하다. 운전자를 추가하면 추가 요금이 발생하며, 차량 파손이나 사고에 대비해 미리 보증금을 지불하거나 카드 결제 정보를 알려줘야 한다. 물론 아무 문제가 없으면 보증금은 모두 되돌려 받는다. 렌터카의 가격 비교, 견적, 예약 등이 편리한 앱으로는 부킹닷컴 (세계 최대의 렌터카 예약 플랫폼인 렌탈카스닷컴을 인수), SIXT(독일) 등을 추천할 만하다.

15일 이상의 장기간에는 이용 기간이 길수록 1일 대여료가 낮아지는 리스차를 이용하는 것이 상대적으로 유리하다. 리스카 프로그램이 가장 잘 갖춰진 프랑스, 그중에서도 시트로엥 리스카를 예로 들어보자. 내가 45일씩 2번, 60일 1번, 총 주행거리 약 2만 8,000km를 이용한 업체다. 이 업체의 리스카는 기본 대여료의 최소 단위가 15일이다. 하루만 사용해도 15일짜리 기본 대여료를 지불해야 한다. 하지만 사용기간이 길수록 1일 사용료가 저렴해진다. 이를테면, 30일은 15일의 2배가 아니라 1.2배, 60일은 15일의 4배가 아니라 1.8배쯤 된다.

시트로엥 리스카는 공장에서 막 출고된 신차를 탈 수 있고, 대여료에 차량 이용료뿐만 아니라 풀커버리지 보험료까지 포함돼 있다. 이 풀커버리지 보험은 대인·대물·자차·자손·신체피해 등의 모든 손해를 다 보상해주기 때문에 내 차처럼 마음 편하게 운전할 수 있다. 사실 공장에서 막 출고된 신차를 수십 일 동안 타고 다니면 아무래도 크고 작은 흠집(스크래치)이 생기게 마련이다. 내가 이용한 리스차들도 여러 흠집이 차체에 생겼지만 반납할 때 아무런 문제가 되지 않았다. 담당 직원은 흠집에 대해 아무런 관심도, 어떤 언급도 없었다. 이 업

스위스 제네바공항의 시트로엥 출고센터

체는 한국에 대행사(시트로엥·DS 유로패스 https://citroen-europass.kr/ KO/home)를 두고 있어서 예약 절차도 수월하다.

3 숙박

· 숙소 예약

숙소는 몇 달 전에 예약할 필요가 없다. 아무리 성수기라 해도 내게 필요한 객실 하나쯤은 언제, 어디에나 있게 마련이다. 취소할 때 적지 않은 수수료를 물어야 하는 예약 숙소는 자유로운 여정의 장애물이 되기 십상이다. 나는 하룻밤만 묵을 숙소는 당일 오후 3시 전후, 2박 이상 머무를 속소는 일주일 전쯤 예약했다. 당일 오후에는 숙소 주인(호스트)이 숙박 요금을 대폭 할인하는 경우도 종종 있다. 메인 앱으로 사용하는 부킹닷컴이나 에어비앤비 이외에도 익스피디아Expedia, 호텔스닷컴Hotels.com, 민다Minda. 한국인 민박 전문 등의 숙박 플랫폼도 플랜 B를 위해 미리 회원 가입을 해두는 것이 좋다.

· 좋은 숙소 구하기

이용 후기가 많고, 평점이 좋은 숙소를 선택한다. 부킹닷컴으로 검색, 예약할 때 무료 취소, 평점 8이상(매우 좋음)의 숙소를 예약하면 대체로 만족스럽다. 자동차 여행 시 치안 상태가 불안한 도시나 국가, 도심 한복판에 있는 숙소를 예약할 때는 가급적 전용 주차장이 있는 숙소를 예약하는 것이 좋다. 전용 주차장이 없어서 주변의 노상 주차장을 이용하는 숙소는 되도록 피하는 것이 상책이다.

주차장이 있는 이탈리아 민박집

4 캠핑

· 캠핑을 추천하는 이유

나는 유럽 20여 개 나라의 120여 캠핑장에서 140박가량의 캠핑을 경험했다. 그와 같은 경험을 바탕으로 유럽 캠핑 여행의 장점을 나름대로 정리하면 다음과 같다.

훌륭한 시설과 타인에 대한 배려

유럽, 특히 서유럽과 북유럽의 캠핑장은 각종 편의시설이 대단히 훌륭하고, 관리 상태도 좋다. 캠핑장 이용자의 매너와 에티켓도 본받을 점이 많다. 샤워실, 개수대, 취사장 등의 공동 시설은 사용 후에 물 한

방물도 남기지 않고 깔끔하게 닦고 나와야 한다. 뒷정리를 제대로 안 하면 다른 이용객에게 "깨끗이 치우고 가라"는 낯 뜨거운 지적을 받을 수도 있다. 큰 소리로 떠들거나 밤늦게까지 술자리를 갖는 사람도 찾아보기 어렵다. 남을 불편하게 하거나 폐가 될 만한 행위는 절대 하지 않는다는 것이 불문율이다.

저렴하고 합리적인 캠핑장 사용료

유럽의 캠핑장은 텐트가 크든 작든, 인원이 많든 적든 상관없이 무조건 사이트별로 요금이 부과되는 우리나라의 캠핑장과는 요금 체계가 확연히 다르다. 대부분은 사이트 구획선도 그려져 있지 않다. 구획선

스위스 베른 아이흐홀츠 캠핑장

이 있더라도 텐트 사이즈(대, 중, 소), 인원수에 따라 사용료가 차등 적용된다. 여름철 성수기를 예로 들면, 우리나라 수도권 지역의 캠핑장(사립)은 사이트 1개당 대체로 5~7만 원의 사용료를 받는다. 혼자 소형 텐트를 친다고 해도 할인되는 경우는 별로 없다. 반면에 유럽 캠핑장은 소형 텐트 설치비와 1인당 사용료를 합해서 요금이 매겨진다. 캠핑장에 따라 와이파이 사용료, 샤워비, 전기료 등을 별도 부과하기도 한다. 그렇다고 해도 남프랑스, 이탈리아 캠핑장의 2024년 여름철 성수기 사용료(소형 텐트 1동＋2인)가 한화로 5만 원을 넘는 경우가 거의 없었다. 17유로로 가장 저렴한 남프랑스 베흐동협곡의 한 캠핑장은 시설과 분위기까지도 가장 만족스러웠다.

입맛에 맞는 음식 조리 가능

캠핑장을 이용하면 하루 2끼니(저녁, 아침)의 식사는 캠핑장에서 직접 해결하게 마련이다. 캠핑장에 들어가기 전에 마트에서 미리 부식

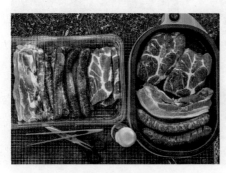

프랑스의 캠핑 바비큐세트 1.2kg 15,000원

을 구입해 직접 해 먹으면 자신의 입맛에 맞는 음식을 생각보다 저렴하게 먹을 수 있다. 유럽 대부분의 국가는 우리나라에 비해 외식비가 비싼 편이다. 2024년 1월의 빅맥지수를 보면, 스위스가 1만 996원으로 1위, 그다음으로 노르웨이, 스웨덴, 영국 순으로 비싸다. 우리나라 사람이 많이 찾는 프랑스는 7,400원, 이탈리아는 7,130원인 반면에 우리나라는 5,500원으로 저렴한 편이다. 그러므로 유럽 여행 중에 하루 3끼를 모두 외식으로 해결하는 것은 대단히 부담스럽다. 하지만 대형마트의 물가는 우리나라보다 크게 비싸지 않다. 특히 치즈, 요거트, 소고기와 돼지고기(삼겹살), 쌀 등은 오히려 더 싸고, 과일값은 비슷한 편이다.

나는 점심 식사만 외식으로 해결하고, 저녁과 아침 식사는 캠핑장에서 직접 조리해 먹었다. 저녁 메뉴는 마트에서 구입한 에멘탈치즈, 바게트로 퐁듀를 해 먹거나 국내에서 챙겨간 김밥용 김으로 김밥을 만들어 먹었다. 스위스 전통 음식인 퐁듀를 스위스의 레스토랑에서 먹으려면 1인당 30~40CHF(스위스프랑. 48,000~64,000원)을 지불해야 한다. 하지만 캠핑장에서 2인분을 직접 해 먹으면 에멘탈치즈(250g) 4,000~5,000원, 바게트 1,500원(1유로) 내외의 저렴한 비용으로도 한 끼 식사를 해결할 수 있었다. 아침 식사는 국내에서 챙겨간 누룽지, 또는 전날 저녁에 먹고 남은

캠핑장의 저녁 메뉴 퐁듀

바게트와 치즈에 잠봉뵈르, 토마토, 계란 프라이 등으로 샌드위치를 만들어 먹었다.

자연과의 교감

캠핑은 자연과 가장 가까운 숙박 형태다. 근래 들어서 캠핑 열풍을 타고 급격하게 늘어난 우리나라의 캠핑장과는 달리, 유럽의 캠핑장은 오랜 세월 동안 대대로 운영하는 곳이 많아서 호반, 강변, 숲 등의 풍광 빼어난 자연에 있다. 파도소리를 자장가 삼아 눈을 감고, 지절대는 물소리와 새소리에 눈을 뜨기도 한다.

캠핑장의 조성 방식도 우리나라와는 확연히 다르다. 우리나라의 캠

슬로바키아 하이타트라 리오 캠핑장

핑장은 대체로 자연을 깎고 메우고 깔고 쌓는 등의 인위적인 개발 방식으로 조성된다. 반면에 유럽의 캠핑장은 자연 그대로의 모습을 최대한 살린 곳이 많다. 캠핑 사이트의 바닥을 예로 들면, 우리나라 캠핑장은 파쇄석이나 데크를 깔지만, 유럽 캠핑장은 100% 잔디밭이다. 내 경험으로는 파쇄석이 깔렸거나 데크를 설치한 캠핑장을 단 한 곳도 이용해보지 못했다.

성수기에도 예약 불필요

유럽의 어딜 가나 캠핑장이 많아서 성수기에도 사전 예약 없이 이용 가능하다. 유럽에서 140여 밤을 캠핑장에서 보낸 나는 예약해서 캠핑장을 이용한 경우는 단 한 번도 없다. 캠핑장에 찾아갔다가 "자리가 없습니다"라는 말을 들어본 적은 2번 있다. 그런 경우에는 자동차로 10~20분 거리의 다른 캠핑장을 이용했다. 구글 지도에 'camping'을 검색하면 주변 캠핑장을 쉽게 찾을 수 있다.

· **캠핑 준비물**

개인 장비

텐트(1인은 2인용, 2인은 3인용 이용. 가족이나 부부가 아니면 1인 1텐트 권장), 침낭, 랜턴, 매트, 소형 타프, 캠핑 의자, 캠핑 테이블, 캠핑 망치, 전기요, 식기, 수저, 가위, 칼, 소형 도마, 등산용 컵, 보온보냉병(텀블러), 코인 티슈.

캠핑장용 전기 콘센트 어댑터

공용 장비

버너, 코펠, 전기그릴, 전기밥솥, (무선)전기포트, 소프트 쿨러, 멀티 콘센트, 캠핑장용 전기 콘센트 어댑터(국내 판매처는 별로 없다. 현지에서 구입하거나 캠핑장에서 대여 가능하다), 연장코드(5~10m).

※ 유럽에서는 캠핑용 부탄가스를 구하기도 어렵거니와 가격도 대단히 비싸다. 거의 모든 캠핑장에서 전기 사용이 가능하므로 부피와 소비전력(W)이 작고 값도 저렴한 소형 가전제품을 챙겨 가는 것이 좋다. 특히 전기그릴과 전기밥솥이 유용하다. 그리고 유럽의 대부분 지역은 여름철에도 밤 기온이 생각보다 낮아서 1인용 전기매트가 필요하다. 등산용 가스버너(소형)가 있다면 예비용으로 하나쯤 가져가는 것이 좋다. 매우 드물긴 하지만, 전기를 사용할 수 없는 캠핑장이나 캠핑 구역이 존재한다. 캠핑 가스는 데카트론Decathlon 같은 아웃도어 매장이나 등산용품점에서만 구입할 수 있다.

· 부식과 양념

부식

부피가 작고 가벼우며 휴대와 사용이 편리한 것 위주로 챙겨가는 것이 좋다. 예컨대, 김(조미김, 김밥용 김, 김자반), 자른 미역(감자 넣고 끓이면 의외로 맛있다), 건조 블록 된장국(신송 즉석된장국, 풀무원 미소된장국), 코인 육수, 볶음 김치(또는 건조 김치), 누룽지(아침 식사용) 등이 권할 만하다.

현지 구입

유럽의 대도시에는 김치, 만두, 라면, 고추장 등의 한국 음식이나 양념을 파는 데가 드물지 않다. 현지의 한국 식품점이나 아시아마트, 대형 마트 등에서 구입 가능한 품목은 굳이 챙겨가지 않아도 된다.

아시아마트의 한국 장류

5 유럽 자동차 여행 Tip

자동차 운행 비용

고속도로 통행료, 주유비, 주차비 등의 자동차 운행 비용은 우리나라보다 2배가량 비싸다는 점을 감안해서 예산 계획을 세워야 한다.

교통법규 준수

속도, 차선, 회전교차로 진입 등을 비롯한 모든 교통법규는 엄수한다. 벌칙이나 범칙금이 세분화돼 있고, 우리나라보다 훨씬 무겁다.

전조등 점등

대부분의 유럽 국가에서는 운행 중인 자동차는 낮에도 전조등을 켜는 것이 일반적이다. 특히 북유럽 국가는 의무적으로 전조등을 켠 채

이탈리아 과속단속 카메라 예고표지판

로 운행해야 한다. 전조등을 켜지 않고 운행했을 때의 불이익이나 처벌은 있어도, 전조등을 켰다고 벌금을 받거나 처벌되는 일은 없다.

회전교차로 진입
회전교차로에 먼저 진입해 회전을 시작한 왼쪽 차량에게 무조건 우선권이 있다.

일방통행 도로
대도시 도심이나 유명 관광지에는 일방통행 도로가 많다는 점을 유념해야 한다.

이탈리아 친퀘테레 몬테로소알마레 ZTL

보행자 우선

무조건 보행자가 우선이다. 자동차 전용도로이건, 무단횡단이건 간에 사람을 먼저 보낸 뒤에 차가 움직여야 한다.

이탈리아의 ZTL

이탈리아의 대도시나 관광 도시에는 차량 진입이 불가한 ZTL Zona Traffico Limittato이 있다. 그 직전의 주차장에 차를 세워두고 걸어가야 한다.

주차장 이용

확실한 무료 주차장이 아니면 유료 주차장을 이용하는 것이 좋다. 사실 유럽에서는 거의 모든 주차장이 유료다. 심지어 첩첩산중의 외딴 길가에도 주차요금 정산기가 설치돼 있다.

이탈리아 나폴리의 옥내 주차장

대도시 주차

가급적 무인 노상 주차장보다는 관리자가 상근하는 옥내 주차장을 이용하기를 권한다. 노상 주차장에서 도난사고를 당하는 경우가 적지 않다.

귀중품 휴대

여권과 카드, 카메라, 현금 등의 귀중품은 절대로 차에 두고 내리면 안 된다.

외지 차량의 주차

정식 주차장이라고 해도 일반 관광객이나 외지인의 차량은 이용할 수 없는 주차구역이 적지 않다. 주차 가능 여부를 반드시 확인한 뒤 주차한다.

주차요금 결제

주차요금의 결제 방식이 주차장마다 다른 경우가 많다. 우리나라처럼 자동 결제 시스템을 갖춘 주차장은 의외로 많지 않다. 선불 결제 주차장은 다소 손해를 보더라도 예상

이탈리아 오르비에토 주차장의 요금 정산기

시간보다 좀 더 넉넉하게 시간을 잡아 결제하는 것이 좋다. 주차요금 영수증은 차량 내부의 앞쪽 대시보드에 잘 보이도록 올려놓는다. 그 시간이 초과됐을 경우에는 주차 단속 요원이 범칙금을 부과하기도 한다.

고속도로 제한 속도

갑자기 큰 폭으로 바뀌는 경우가 적지 않다. 실제로 줄곧 120km였던 제한 속도가 갑자기 60km로 뚝 떨어지는 경우도 봤다. 그러므로 제한 속도 표지판을 놓치지 마라.

고속도로 통행료

유럽 고속도로의 통행료 결제 방식은 매우 다양하다. 독일과 베네룩

노르웨이 고속도로 터널 입구의 오토패스

슬로베니아의 '비넷'

스 3국 등은 무료다. 반면에 프랑스, 이탈리아, 스페인 등은 들고 나는 톨게이트에서 주행거리만큼의 요금을 카드나 동전으로 결제하면 된다. 통행료의 원활한 결제를 위해 복수의 (다른 회사) 신용카드와 현금(동전)을 미리 준비해야 한다. 결제 방식에 따라 게이트가 다르므로 진입하기 직전에 잘 확인해야 한다.

스위스, 오스트리아, 체코 등은 정해진 기간 내에서는 무제한으로 사용 가능한 비넷Vignette을 구입해야 한다. 비넷을 차 앞 유리에 부착하지 않은 채 운행하다 적발되면 엄청난 벌금이 부과된다. 스위스는 매년 1월 1일~12월 31일까지 유효한 1년짜리만 구입할 수 있는 반면, 오스트리아, 체코 등은 10일짜리 단기 비넷을 판매한다. 대체로 국경 근처의 휴게소에서 구입할 수 있다. 노르웨이의 고속도로나 유료 도로의 통행료는 미리 등록한 신용카드로 오토패스(하이패스) 결제만 가능하다. 등록 과정이 다소 복잡하므로 미리 해두는 것이 좋다.

프랑스 주유소의 주유기

주유비 선결제

프랑스, 이탈리아 등의 몇몇 유럽 국가에서 신용카드로 주유비를 결제하면 실제보다 훨씬 큰 금액인 150~300유로가 결제된다. 대체로 2~3일 내에 실제 주유비를 뺀 금액이 환불되므로 크게 걱정하지 않아도 된다. 열흘 이상 걸리는 경우도 간혹 있다.

6 알아두면 좋은 외국 여행 Tip

영문 이름

여권, 항공권, 신용카드, 모든 계약서 등의 모든 영문 이름 표기는 일치해야 한다.

여권

만료기한이 6개월 이상 남아야 한다.

신용카드 결제

무조건 현지 통화로 결제한다. 기축통화나 원화로 결제하면 수수료가 이중 부가된다.

트래블카드

여행에 특화된 체크카드인 트래블카드(트래블월렛, 트래블로그 등)를 이용하는 것이 일반 신용카드를 이용하는 것보다 대단히 편리하고 경제적이다. 트래블카드는 수수료가 저렴하거나 아예 면제된다. 현지 현금인출기ATM의 사용 수수료가 면제되는 경우도 많다. 환전하기도 편리하고, 사용하려는 외화의 가치가 떨어졌을 때 미리 충전해두면 가만히 앉아서도 오른 환율만큼 경제적으로 이익이 되기도 한다.

트래블카드

인터넷

전화나 인터넷 사용을 위한 통신은 국내 통신사의 로밍보다는 현지 통신사의 심 Sim 카드가 더 유리한 경우가 많다. 최신 기종의 스마트폰에서는 물리적인(실제) 심카드 없이도 큐알코드를 받아 스캔하거나 프로파일을 다운로드해서 바로 사용 가능한 이심 eSim 카드를 쓰는 것이 훨씬 더 편리하다. 외국 체류 중에도 국내 쇼핑몰에서 구입해 곧바로 사용할 수 있다. 더욱이 이심카드를 사용하면 기존의 내 휴대폰 번호로 걸려오는 전화와 메세지를 모두 받을 수 있고, 이심카드의 현지 번호로는 인터넷을 사용할 수 있는 방식이다.

스마트폰

구입한 지 오래되어 성능이 저하된 배터리는 미리 교체하고, 스마트폰을 1~2회 충전 가능한 용량의 보조 배터리도 미리 챙겨가는 것이 좋다. 스마트폰의 인터넷 연결 상태는 늘 유지돼야 한다.

스위스 빌더스빌역의 코인 로커

짐 보관

대중교통을 이용해 여행할 때는 대부분의 기차역에 설치돼 있는 코인 로커에 무거운 짐을 보관하고 가볍게 다니기를 권한다. 코인 로커가 없는 역에서는 역무원에게 문의하면 짐을 보관해주기도 한다.

운전면허증

외국에서 렌터카를 사용하려면 반드시 운전면허증을 챙겨가야 한다. 우리나라의 영문운전면허증(2025년 1월 기준 69개 국가에서 사용 가능)을 인정하지 않는 국가에서는 국제운전면허증과 국내운전면허증을 함께 소지해야 한다.

렌터카의 월경

쉥겐협정 덕분에 국가 간의 이동이 자유로운 유럽에서도 렌터카는 국경을 넘어가지 못하는 경우도 있다. 차를 빌릴 때 미리 월경이 가능한지 확인하는 것이 좋다.

여행자보험의 보상

현지 경찰의 도난확인서 police report 가 있어야 보상받을 수 있다. 분실한 경우는 안 되고, 반드시 도난이어야 보상받는다.

건강보험료 환급

3개월 이상 외국에 체류한 국민은 건강보험료를 환급받을 수 있다. 출입국사실증명서, 여권, 항공권 사본을 국민건강보험공단에 제출해서 직접 신청해야 한다.

당신과 함께, 유럽

1판 1쇄 발행 2025년 4월 1일

지은이   양영훈
펴낸이   박선영

편집   이효선
영업관리   박혜진
마케팅   김서연
디자인   씨오디
발행처   퍼블리온
출판등록   2020년 2월 26일 제2022-000096호
주소   서울시 금천구 가산디지털2로 101 한라원앤원타워 B동 1610호
전화   02-3144-1191
팩스   02-2101-2054
전자우편   info@publion.co.kr

ISBN   979-11-91587-79-1 13980